大塚総研アカデミック叢書4

速習　信頼性理論と性能設計

大塚久哲　著

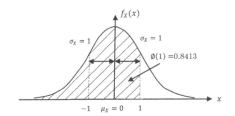

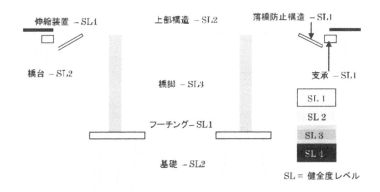

大塚社会基盤総合研究所

櫂歌書房

巻頭言

　国の内外を問わず，WTO（世界貿易機構）と ISO（国際標準化機構）の影響で，設計規準は信頼性理論をベースにした性能設計に移行しつつある．

　本書は，信頼性設計法でいうレベル 1～3 の設計法を，性能設計法の考え方を取り入れながら説明したものである．実務的な需要から言えば，設計実務者は部分安全係数法（限界状態設計法，レベル 1）を理解して使用できればよいが，将来，安全性指標を利用した設計規範の構築（レベル 2）が必要となることもあろうし，実際に確率計算が要求される（レベル 3）ことも予想される．

　また，部分安全係数法を用いる設計において，集合論・確率論の基礎知識は必ずしも必要ではないように見えるが，部分安全係数決定のプロセス（レベル 3 からレベル 1 までの道のり）を理解する上で，この 2 つの基礎学問は必須知識である．

　このような考えから，本書は初学者と若手設計技術者において必要とされる信頼性理論と性能設計に関する実用知識をまとめたものである．

　1 章ではまず，信頼性設計法と性能設計法の基礎概念を紹介している．

　2 章では集合論と確率論から，3 章以降の内容を理解するための必須事項をコンパクトにまとめている．

　3 章では性能関数を用いた設計規範について，性能喪失という概念を用いて設計照査の方法を説明している．

　4 章では荷重の組み合わせの考え方と，断層モデルから算出した地震動のばらつきについて考察している．

　5 章では性能喪失確率を求める計算（レベル 3）について，理論的な方法と数値解析法（モンテカルロシミュレーション）について例題を加えてわかりやすく説明している．

　6 章では，安全性指標を用いた設計法（レベル 2）の概略と，安全性指

標を用いた設計例として海洋構造物継手部の疲労設計について，著者の研究も交えて説明している．

　最後の7章においては，部分安全係数による設計法（レベル1）について，特に限界状態の照査規準と，部分安全係数の定量的評価法について説明している．

　以上のように、本書は広汎にわたる信頼性理論と性能設計の内容を学習の便を考えてコンパクトにまとめ上げたものであり，これが表題に速習を冠した所以である．本書で効率よく最新の設計法を理解され，かつ，習熟されることを期待する．なお，記述の意図が理解しやすいように，所々に猫を登場させた．お供をさせてもらえれば幸甚である．

2015年10月吉日
著者記す

目次

1章　信頼性設計法と性能設計法 ………………………………… 1
　1.1　信頼性設計法の考え方　1
　1.2　性能設計法の考え方　2
　　1.2.1　性能設計移行への背景　2
　　1.2.2　性能設計の基本概念　3
　　1.2.3　各国の耐震基準類に見る性能設計　5
　　(1)　地震荷重　5　　(2)　重要度と目標性能　6　　(3)　評価項目と評価手法　6
　1.3　信頼性理論に基づく性能設計　7
　参考文献　8

2章　集合論・確率論の基礎 ……………………………………… 9
　2.1　構造設計における不確定要因　9
　2.2　集合論の基礎　9
　　(1)　事象と確率　9　　(2)　条件付き確率と独立　10
　2.3　確率論の基礎　10
　　(1)　確率変数および確率分布　10　　(2)　正規（ガウス）確率分布　12
　　(3)　対数正規確率分布　13
　2.4　データに基づく確率分布の選定　14
　参考文献　14

3章　性能設計法における設計規範 ……………………………… 15
　3.1　性能喪失モードの抽出と集合論による確率表現　15
　3.2　性能設計における信頼性理論の適用　17
　　(1)　構造全体の性能水準と部材の健全度レベル　17　　(2)　部材レベルでの性能喪失確率の評価　17
　参考文献　18

4章　荷重に関する考察 …………………………………………… 19
4.1 構造物に作用する荷重　19
4.2 同時発生の頻度について　19
4.3 荷重の組み合わせ　20
4.4 想定断層モデルから発生させた地震動のばらつき　21
参考文献　24

5章　性能喪失確率を求める設計 ………………………………… 25
5.1 確率密度関数を用いた性能喪失確率の求め方　25
　5.1.1 性能喪失確率の2種類の定式化　25
　5.1.2 性能関数が正規確率変数の場合　27
　5.1.3 性能関数が対数正規確率変数の場合　28
5.2 モンテカルロシミュレーションによる性能喪失確率の算定　30
参考文献　34

6章　安全性指標を用いた設計法 ………………………………… 35
6.1 安全性指標を用いた設計法の概念　35
6.2 安全性指標を用いた海洋鋼構造物継手部の疲労設計　36
　6.2.1 はじめに　36
　6.2.2 疲労設計の考え方　37
　6.2.3 信頼性疲労設計　38
　　(1) 累積疲労損傷の評価法　38　(2) 対数フォーマット表示　40
　　(3) 設計変数が安全性指標に及ぼす影響　41
　6.2.4 疲労限界状態に対する設計規範　43
参考文献　44

7章　部分安全係数による設計法 ………………………………… 46
7.1 部分安全係数を用いた設計規範　46

7.2 構造物の限界状態　46
7.3 限界状態の照査規準　47
7.4 構造物の安全性の確率論的考察　49
7.5 部分安全係数の定量的評価法　50
　7.5.1 荷重が1個の場合の部分安全係数の求め方　50
　7.5.2 複数の荷重の組み合わせを考慮する場合　52
　参考文献　53

課題の解答　54
索引　57

1章 信頼性設計法と性能設計法

1.1 信頼性設計法の考え方 [1],[2]

設計は，破壊に対して十分な安全性の確保と，使用目的に耐えうる十分な機能を維持するように行われる．構造物が被害を受ける要因の一つは，荷重のもつ不確定性にあり，また，耐力側の不確定性も被害を引き起こす原因となる．信頼性設計法とは，構造物の破壊の危険性を許容される範囲内におさめる設計をいい，構造物がいかに壊れるかを綿密に検討して確率論的手法に基づき，破壊確率を一定値以内に抑えるように構築された設計法である．したがって，許容（目標）破壊確率P_fの決定が必要となるが，既存構造物との安全性・経済性における整合問題がある．

信頼性設計法は３つの設計水準（レベル）に分類される．

(1) レベル３：破壊モードに対する破壊確率P_fを求め，それが許容破壊確率を満足するように設計を行う．不確定要因の確率統計的な特性，変数が全て既知であることが必要となり，結合確率密度関数の積分により破壊確率を求める．

(2) レベル２：安全性の余裕として導入された，安全性指標$\beta = \mu/\sigma$に基づく設計である（μ, σは性能関数の平均値と標準偏差）．安全性指標の許容値β_aは近似的にP_fに変換でき，破壊モードに対する信頼度を与える実用的な方法といえる．

(3) レベル１：荷重と強度にそれぞれ部分安全係数を導入して設計する方法である．部分安全係数を含んだ設計基準式に従って，決定論的に設計を行う．限界状態設計法を取り入れた規準に使用されている．

レベル3及び2の方法によれば,許容破壊確率あるいは許容安全性指標を定めて,信頼性解析を設計あるいは安全性照査に適用することができる.レベル3の方法は多くの場合,研究段階の域を超えるものではないが,レベル2の方法は実用性を満足する方法となっている.レベル1の方法は規準類に採用されており,レベル2と関連づけることにより破壊確率を考慮することができる.

信頼性設計法の問題点として,統計データの不足,安全性水準設定の問題,ヒューマンエラーの存在などが指摘されており,実用に耐えうるような形にまで達するには今後のデータの整備などが必要不可欠となろう.

いろいろあるんだ!

1.2 性能設計法の考え方

1.2.1 性能設計移行への背景

WTO(世界貿易機構,1995年発足)の政府調達協定によれば,①加盟国の政府によって調達される土木構造物は国際規格に基づいた技術基準等によらなければならないこと,②技術仕様が国際貿易に障害をもたらしてはならないこと,③技術仕様は性能規定を基本とすることとなっている[3].ここで,国際規格に基づいた技術基準とは,一般にISO(国際標準化機構)で制定された規格を指す.

ISO2394として既に構造物の信頼性に関する一般原則[4]が出されており,信頼性理論を基調とした設計規範が規定されている.したがって,これからの国内規準も信頼性理論をベースにした性能設計法であることが要求される.

我が国では1995年の阪神大震災後に,構造物も一般工業製品と同じように,保証性能を明確にして製造者と使用者の合意の基に生産行為が行われるべき

であるとの認識が急速に広がり,前述の国際規格化の潮流もあって,性能設計への移行が促進された.

1.2.2 性能設計の基本概念[5]

性能設計とは,与えられた外的条件(荷重)に対して,規定された目標性能を満足するよう設計することである.従って,性能設計型の基準が成り立つためには,表1.1に示すような設計のパーツが整備されなくてはならない.

表1.1 性能設計において必要とされる設計のパーツ

荷重の与え方(地震荷重を例示)	再現期間,地震の種類,地表面・基盤面,波形・応答スペクトル
構造物の重要度	きわめて重要,重要,一般,重要性は低い
目標性能	機能保持,健全性,修復性,安全性
性能の具体的表示	無損傷・補修・補強,短期・長期復旧,崩壊しない
評価項目と評価値	変位,ひずみ,ひび割れ幅,降伏,耐力,座屈,安定
評価手法・解析モデル	静的・動的解析,線形・等価線形・非線形解析,応答変位法,質点系・FEM系
材料物性値	ヤング率,ポアソン比,せん断弾性係数,減衰定数,スケルトン,ヒステリシス

先ず荷重の規定については,例えば地震荷重の場合,想定する地震の規模や地域の地震危険度によって地震荷重が左右され,また,対象とする構造物・解析法によって地震荷重を与える位置(地表面か基盤面か)や,与え方(時刻歴波形か応答スペクトルか)に違いが生じる.

次に構造物の重要度については,最近の地震被害,特に阪神大震災を経験して構造物の重要度の設定が一般化した.目標性能は,荷重や重要度と関連づけて定義され,これを明示することが求められる.機能保持・使用性・健全性・人命の安全性をどのように保証していくかが規定される.これまでの設計では,目標性能の明示が不十分で,設計者と使用者・所有者との間には認識のずれが存在することもあった.性能設計になればその点の改善が期待される.

目標性能を満足するためには構造物を力学的にどの状態にとどめておくべきか，すなわち，どの程度の損傷までなら許せるかを表示する必要がある．目標性能の表示は，一般の人がこれを理解し，その妥当性を判断できるような表現でなくてはならない．

次に，表示された性能を満足させるための評価項目を選定し，その具体的値を決める必要がある．例えば，補修は必要であるが補強を要しない程度の損傷という表示性能を評価できる項目とその値である．この評価項目には，変位・ひずみ・ひび割れ・降伏・耐力・座屈・安定など，構造物の種類によって多様な力学的項目が用意される．具体的な評価値は最新の研究成果を踏まえて，合理的に決められなくてはならない．

最後に，評価項目を算出するための評価手法，解析モデルの選択，材料物性値の決定である．評価項目に対して，静的・動的解析，線形・等価線形・非線形解析法のいずれを用いるか，解析のためのモデル化をどうするかを決めて，与えられた荷重に対して，評価項目の具体的数値を計算する．ここで，材料物性値・構成則・履歴特性など，解析において決定すべき材料・力学特性が数多くある．その数値の精度等をよく理解して評価手法と解析モデルを選択することが重要である．

狭義の性能設計基準としては，荷重の規定・構造物の重要度の決定・目標性能の表示までを，広義の基準としてはそれらに加えて性能表示・評価項目の設定・構造解析手法の指定・評価値の決定を含むことになろう．どこまでが基準として準備され，どこからが設計者の判断にゆだねられるかは，国や基準によって異なる．ちなみに，1998年6月に公布された性能設計化された新しい建築基準法では，一定の性能さえ満たせば多様な材料・設備・構造方法を採用できる規制方式（性能規定）を導入しており，(1)性能項目，性能基準を明示す

るとともに，それを検証するための試験方法や計算方法を提示する（具体の基準は政令による）こと，(2)従来の仕様規定は性能基準を満たす例示仕様として政令・告示で位置づけることとしている．

1.2.3 各国の耐震基準類に見る性能設計

本項では，日本，米国，ISO の耐震基準・指針類から，性能設計に関わる記述を取り出し比較してみる．日本の基準類として，道路橋示方書耐震設計編[6]（1996.12，2012.3 以下道示耐震編と略称），米国の基準類として ATC 32[7]，ビジョン 2000[8]，国際基準として ISO 3010[9]から引用する．

(1) 地震荷重

対象とする地震によって，地震荷重は大きく異なってくる．表 1.2 に見られるように，多くの基準で 2 種類の荷重を規定しているが，ビジョン 2000 のように 4 種類の地震を想定している案もある．各基準類とも，中程度の地震動と大規模地震動を考えており，前者は構造物の供用期間中に 1 回以上発生する確

表 1.2 地震荷重の規定の比較

道路橋示方書	(1) 橋の供用期間中に発生する確率が高い地震動： 応答スペクトルで最高 300gal（Ⅲ種地盤に対し） (2) 供用期間中に発生する確率は低いが大きな強度をもつ地震動： タイプⅠの地震動（プレート境界型の大規模な地震）：応答スペクトルで最高 1400gal（Ⅰ種地盤に対し） タイプⅡの地震動（兵庫県南部地震のような内陸直下型地震）：応答スペクトルで最高 2000gal（Ⅰ種地盤に対し）
ビジョン 2000	度々　　　：　再現期間　43 年（超過確率 30 年に 50％） 時々　　　：　再現期間　72 年（　同上　　50 年に 50％） 希　　　　：　再現期間　475 年（　同上　　50 年に 10％） 極めて希　：　再現期間　970 年（　同上　100 年に 10％）
ATC32	機能評価用地震動　：確率論的に評価された地震動（供用期間中の非超過確率が 60％） 安全性評価用地震動：確定論的に最大可能地震、または確率論的には 1000－2000 年の再現期間を持つ地震動
ISO3010	そのサイトで発生する可能性のある巨大地震 構造物の供用期間中にそのサイトで発生することが期待される中規模の地震

表 1.3 構造物の重要度区分と地震荷重に対する目標性能

道路橋示方書		特に重要度が高い橋	重要度が標準的な橋
	地震動(1)	健全性を損なわない	健全性を損なわない
	地震動(2)	限定された損傷にとどめる	致命的な破壊を防止する
ビジョン2000	地震の頻度	最重要施設　重要施設	一般施設
	度々	機能完全　　機能完全	機能完全
	時々	機能完全　　機能完全	機能維持
	希に	機能完全　　機能維持	人命安全
	極希	機能維持　　人命安全	崩壊に近い
ATC32		重要な橋梁	普通の橋梁
	機能評価地震動	A・最小の損傷	A・修復可能な損傷
	安全評価地震動	A・修復可能な損傷	B・重大な損傷
		A：供用は直ちに，B：供用は制限される	
ISO3010	中規模地震：構造被害がなく、非構造要素の損傷が許容範囲内		
	巨大地震　：構造物が破壊したり、人命を損なわないこと		

率が高い地震動，後者は供用期間中に発生する確率は小さいが，考慮すべき地震動と位置づけられている．

(2) 重要度と目標性能

表 1.3 に示されるように，与えられた地震荷重に対して構造物が満足すべき目標性能が規定されている．その際，構造物の重要度ランクを規定した基準類とそうでない基準類が併存する．最近の大地震を経験してからは，構造物の重要度を明確にして，目標性能に差をつけた基準が多くなってきている．

目標性能には，低いレベルの地震動に対して使用性，高いレベルの地震動に対して損傷・補修の必要性，崩壊の有無に言及したものが多い．これによって構造物の安全性の確保が想定地震荷重との対応において可能となるといえる．

ただし，目標性能の記述が細かすぎると設計がそれに対応できるかという技術的な問題が生じる．荷重変位曲線において表示性能を的確に位置づけるにはデータの蓄積が必要である．

(3) 評価項目と評価手法

目標性能を達成するためには，力学的な評価項目を規定することが必要であ

る．例えば，許容応力度設計法であれば部材応力度が評価項目であるが，性能設計において規定される評価項目は，応力度の他に，耐力や支持力，変位，ひずみ，コンクリートのひび割れ幅，鉄筋の降伏，座屈などの不安定現象など多岐に渡っている．これらを的確に評価するために，これまで開発・蓄積されてきた評価（解析）手法が，各基準で積極的に使用されるようになってきた．大地震を受ける大部分の橋梁に対しては，非線形動的解析が必須とされるなどの例がある．また，これまでの解析手法は力（強度）を基本としていたが，変位あるいはエネルギーを基本にした評価手法の合理性も指摘されている．図 1.1 は構造物の挙動と必要とされる評価手法の概念図を示す．

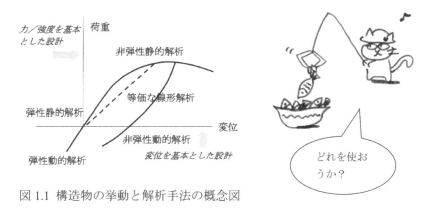

図 1.1 構造物の挙動と解析手法の概念図

1.3 信頼性理論に基づく性能設計

以上見てきたように，最新の設計法は明確に定められた目標性能の達成のための手段であると位置づけられ，設計基準はその性能を満足できない割合を確率論的に明らかにして，安全性と経済性をバランスさせることが重要であると考えられている．これを，信頼性理論に基づく性能設計法，と呼ぶことができよう．

次章以降，信頼性設計法でいうレベル 3 〜 1 の設計法を，性能設計法の考え方を取り入れながら説明する．

参考文献

1) 尾坂芳夫・高岡宣善・星谷勝：土木構造設計法，技報堂出版,1981 年, pp.30-31.
2) 星谷勝・石井清: 構造物の信頼性設計法，鹿島出版会,1986 年, pp.58-59.
3) 長瀧重義：ISO 規格と国際技術競争，JSCE, Vol.82, 1997 年 9 月, pp.42-44、
4) 三橋博三：ISO/TC98 専門委員会における構造物の設計の基本に関する検討，コンクリート工学、Vol.34, No.3, 1996 年 3 月, pp.56-58.
5) 大塚久哲：耐震基準の性能設計化の現状と今後の課題，橋梁と基礎, Vol.33, No.6, pp.39-43, 1999 年 6 月.
6) 日本道路協会：道路橋示方書耐震設計編，1996 年 12 月.
7) Applied Technology Council：ATC 32（Improved Seismic Design Criteria for California Bridges, Provisional Recommendations）,1996 年.
8) Structural Engineers Association of California：Vision 2000（Performance Based Seismic Engineering of Buildings), 1995 年 4 月.
9) International Standard Organizations: ISO 3010（Seismic actions on structures）, fourth draft, 1998 年 3 月.

2章　集合論・確率論の基礎

2.1　構造設計における不確定要因 [1)]

　構造設計における基本的な変数には不確定要因が存在する．例えば，構造物あるいは部材に関するものとして，材料の力学特性・断面形状/寸法・初期不整などが挙げられ，荷重に関するものとしては，死荷重・活荷重・地震荷重・風荷重などがある．不確定要因は，変数の本来的な不確定性，統計モデルの不確定性，構造モデル化に伴う不確定性，ヒューマンエラーによる不確定性の4つに分類されている．ランダムな不確定性は確率論的な不確定性であり，確率分布関数・確率密度関数などにより定量的に評価可能である．

2.2　集合論の基礎 [1)]

(1)　事象と確率

　確率の問題におけるすべての可能な状態の集合を標本空間といい，その部分集合を事象という．事象 A と B が同時に起こらないとき，A, B は排反事象という．A, B のどちらかが起こるという事象（A または B）を A と B の和事象といい，$A+B$ あるいは $A \cup B$ と書く．A, B のどちらも起こるという事象（A かつ B）を A と B の積事象といい，$A \cdot B$ あるいは $A \cap B$ と書く．起こりえない事象を空事象 ϕ という．標本空間そのものは全事象 Ω である．

　事象 A の起こらない事象を，A の余事象といい，$\bar{A}$ と書く．したがって，$A \cup \bar{A} = \Omega$, $A \cap \bar{A} = \phi$ である．

　また，和の余事象は余事象の積に等しく，積の余事象は余事象の和に等しい（ド・モルガンの定理と言われる）．数式で示すと，

$$\overline{A\cup B}=\overline{A}\cap \overline{B},\ \overline{A\cap B}=\overline{A}\cup \overline{B} \quad (\text{事象の数が幾つでも成り立つ}) \tag{2.1}$$

ここで，事象 A の確率を $P(A)$ と書くと，$P(A) \geq 0,\ P(\Omega)=P(A)+P(\overline{A})=1$ である．また，事象 A と事象 B が排反事象であれば，

$$P(A \cup B) = P(A) + P(B) \tag{2.2}$$

これは，事象の数が幾つでも成り立つ．事象 A と事象 B が排反でなければ，

$$P(A \cup B) = P(A) + P(B) - P(A \cap B) \tag{2.3}$$

これらの理解を容易にするためには，ベン図を用いるとよい．

(2) 条件付き確率と独立事象

次に事象 A と事象 B の独立性について考える．まず，事象 A が事象 B に依存して起きるときの確率を条件付き確率といい，次式で定義される．

$$P_B(A) = P(A \cap B) / P(B) \tag{2.4}$$

したがって，$P(A \cap B) = P_B(A)\, P(B) \tag{2.5}$

ここで，$P_B(A) = P(A) \tag{2.6}$

が成り立つとき，事象 A と B は独立という．このとき，

$$P(A \cap B) = P(A)\, P(B) \tag{2.7}$$

が成り立つ．式(2.26)は事象の数にかかわらず成立する．逆に，式(2.7)は事象の独立性を確認するときにも使用でき，式(2.7)が成立しなければそれらの事象は独立ではない．独立性の説明にはカルノー図が用いられる．

2.3 確率論の基礎 [1)-4)]

(1) 確率変数および確率分布

連続な確率変数 x に対して，確率密度関数 $f_X(x) = P(X = x)$ と確率分布関数 $F_X(x) = P(X \leq x)$ が定義され，両者には次の関係が成り立つ．

$$F_X(x) = \int_{-\infty}^{x} f_X(x)\, dx \tag{2.8}$$

確率率密度関数の面積の合計は 1 である（図 2.1 参照）．

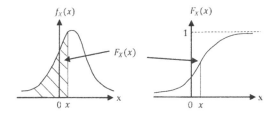

図 2.1 連続な確率変数の分布（左：確率密度関数，右：確率分布関数）

確率分布のパラメータには，以下の諸数値がある．

確率変数 X の期待値(1次モーメント)　　$E[X]=\int_{-\infty}^{\infty} x f_x(x)dx$ 　　(2.9)

自乗平均値(2次モーメント)　$E[X^2]=\int_{-\infty}^{\infty} x^2 f_x(x)dx$ 　　(2.10)

さらに，確率変数のばらつきを示す指標として分散を使用する．

分散　$\sigma_X^2=\int_{-\infty}^{\infty}(x-E[X])^2 f_x(x)dx = E[X^2]\text{-}E[X]^2$ 　　(2.11)

標準偏差　$\sigma_X=\sqrt{E[X^2]\text{-}E[X]^2}$ ，変動係数　$\nu_x=\sigma_X/E[X]$ 　　(2.12), (2.13)

次に，2つの確率変数 X と Y があるとき，次の各式が成り立つ．

X と Y の独立性にかかわらず，

$$E[X+Y]=E[X]+E[Y] \quad （平均値の加成性） \tag{2.14}$$

X と Y が互いに独立であれば（Vは分散を表す），

$$E[XY]=E[X]E[Y] \tag{2.15}$$

$$V[X+Y]=V[X]+V[Y] \quad （分散の加成性） \tag{2.16}$$

X と Y が互いに独立でないとき，

$$V[X+Y]=V[X]+V[Y]-2\text{Cov}[X,Y] \tag{2.17}$$

ここに，$\text{Cov}[X,Y]=E[XY]-E[X]E[Y]$ 　　（共分散という）　　(2.18)

また，$\rho=\text{Cov}[X,Y]/\sqrt{V[X]V[Y]}$ 　（相関係数という）　$-1\leq\rho\leq1$ 　(2.19)

X と Y が独立でないときの $E[XY]$ は，次式を満足することがわかっている．

$$(E[XY])^2 \leq E[X^2]E[Y^2] \tag{2.20}$$

ここで，図 2.2 に示すような 10 から 20 の間に分布する X の一様確率密度

関数があるとして，その期待値と分散，標準偏差，変動係数を求めると，

期待値　$E[X] = \int_{10}^{20} 0.1x\,dx = 15$

分散　$\sigma_X^2 = E[X^2] - E[X]^2 = 25/3 = 8.333$,

標準偏差＝2.89，変動係数＝0.193

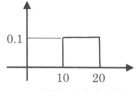

図 2.2　一様確率密度関数

(2) 正規（ガウス）確率分布

正規（ガウス）確率分布は次式で表される．

$$f_X(x) = \frac{1}{\sqrt{2\pi}\sigma_X} e^{-\frac{1}{2}\left(\frac{x-\mu_X}{\sigma_X}\right)^2}, \quad -\infty < x < \infty \tag{2.21}$$

ここに，$\mu_X = E[X]$ は期待値，σ_Xは標準偏差で，正規確率変数 X は，
$X = N(\mu_X, \sigma_X)$と表示される（図 2.3 参照）．

特に，$\mu_X = 0$, $\sigma_X = 1$ の正規確率密度関数は，標準正規確率密度関数と呼ばれ，次式で表される（図 2.4 参照）．

$$\varphi_X(x) = \frac{1}{\sqrt{2\pi}} e^{-\frac{1}{2}x^2}, \quad -\infty < x < \infty \tag{2.22}$$

したがって，標準正規確率分布関数は，次式となる．

$$\Phi(x) = \int_{-\infty}^{x} f_X(x)\,dx = \frac{1}{\sqrt{2\pi}} \int_{-\infty}^{x} e^{-\frac{1}{2}x^2}\,dx \tag{2.23}$$

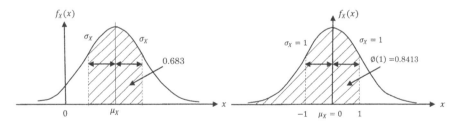

図 2.3　正規確率密度関数　　　　図 2.4　標準正規確率密度関数

この積分値の数値表が表 2.1 のように整備されている（抜粋）．標準正規分布は原点に対して，対称であるから数表は正の変数に対してのみ与えられている．負の変数に対しては，次式を用いて計算すればよい．

$$\Phi(-u_a) = 1 - \Phi(u_a) \tag{2.24}$$

ここに，u_aは標準正規確率密度関数における確率変数xの値である．

《数表の使用例》

(1) 標準正規確率分布に対し，$P(-\infty < X < 1)$を求めると，$\Phi(1)=0.8413$（図2.4参照）

(2) Xが正規分布の場合の$P(\mu_X-\sigma_X < X < \mu_X+\sigma_X)$を求める．標準正規確率分布で表示すると，

$\Phi(1) - (1 - \Phi(1)) = 2\Phi(1) - 1 = 0.8413 \times 2 - 1 = 0.6826$　（図2.3参照）

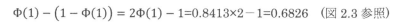

表2.1 標準正規確率密度関数の面積 $\phi(u_a)$ ，$1 - \phi(u_a)$

u_a	0.0	0.1	0.2	0.3	0.4	0.5
$\phi(u_a)$	0.5000	0.5398	0.5793	0.6179	0.6554	0.6915
$1 - \phi(u_a)$	0.5000	0.4602	0.4207	0.3821	0.3446	0.3085
u_a	0.6	0.7	0.8	0.9	1.0	1.1
$\phi(u_a)$	0.7257	0.7580	0.7881	0.8159	0.8413	0.8643
$1 - \phi(u_a)$	0.2743	0.2420	0.2119	0.1841	0.1587	0.1357
u_a	1.2	1.3	1.4	1.5	1.6	1.7
$\phi(u_a)$	0.8849	0.90320	0.91924	0.93319	0.94520	0.95543
$1 - \phi(u_a)$	0.1151	0.09680	0.08076	0.06681	0.05480	0.04457
u_a	1.8	1.9	2.0	2.5	3.0	3.5
$\phi(u_a)$	0.96407	0.97128	0.97725	0.99379	0.99865	0.99977
$1 - \phi(u_a)$	0.03593	0.02872	0.02275	0.00621	0.00135	0.00023

(3) 対数正規確率分布

　確率変数xの自然対数$y = \ln x$が正規確率分布に従うとき，変数xは対数正規分であるという．このとき，$Y=N(\lambda_y, \zeta_y)$, $X=LN(\mu_x, \sigma_x)$と表示される．ここに，λ_y, ζ_yは$y = \ln x$の期待値，標準偏差であり，μ_x, σ_xはもとの確率変数xの期待値，標準偏差である．xは常に正の領域で定義されるので，正の物理量の確率モデルとしてしばしば用いられる．λ_y, ζ_yとμ_x, σ_xの関係は，若干の数式の展開を経て，次式のように求められる．

$$\lambda_y = \ln\mu_x - \tfrac{1}{2}\zeta_y{}^2, \qquad \zeta_y{}^2 = \ln(1 + \tfrac{\sigma_x{}^2}{\mu_x{}^2}) \qquad (2.25), (2.26)$$

ここで，σ_x/μ_x が 0.30 以下程度であれば，次の近似式が用いられる．

$$\zeta_y \cong \sigma_x/\mu_x \qquad (2.27)$$

x が区間 (a,b) に含まれる確率は，次式で求められる．

$$P(a < x < b) = \phi\left(\frac{\ln b - \lambda_y}{\zeta_y}\right) - \phi\left(\frac{\ln a - \lambda_y}{\zeta_y}\right) \qquad (2.28)$$

2.4　データに基づく確率分布の推定

　ある確率変数に対してその分布形を選択する方法や，パラメータの決定方法は，統計推計学の本に詳しいのでそれを参照されたい．

　集められたデータからヒストグラムを作成するときに，母集団選定の不適切さによる確率分布のいびつさや，データミスによる異常値に注意する必要がある．異常値の統計的な検出法には，Grubbos 法や Robust 法など多くの方法がある．確率分布の形状決定には，中心極限定理（後述）と確率演算の容易さとから正規分布とすることが多い．確率分布形状が決まれば，統計ソフトなどを用いてパラメータを推定し，それらのパラメータは統計的な検定を行ってその妥当性が検証される．仮定された確率分布に対しては，適合度検定（カイ自乗法など）を用いて，確率分布の妥当性が検証される．複数の確率変数の確率分布は，結合確率密度関数，結合確率分布関数と言われる．

・中心極限定理　$\{X_i\}$ を互いに独立な確率変数とするとき（必ずしも正規分布でなくとも良い），確率変数 $S = \sum_{i=1}^{n} X_i$ は n が十分に大きければ，正規確率分布となる．

参考文献

1) 星谷勝・石井清: 構造物の信頼性設計法，鹿島出版会,1986 年, pp.11-23,29-33.
2) 尾坂芳夫・高岡宣善・星谷勝：土木構造設計法，技報堂出版，1981 年,pp.40-42.
3) 真壁肇：基礎課程確率と統計，サイエンス社，1973 年，pp.34-35.
4) 伊藤學・亀田弘行訳：土木・建築のための確率・統計の基礎，丸善，1977 年，pp.97-100,102-104.

3章　性能設計法における設計規範

3.1　性能喪失モードの抽出と集合論による確率表現 [1)]

性能喪失モードの抽出には構造物の性能喪失状態を明確に定義する必要がある．ここで性能喪失とは，対象とする構造物が耐用期間中において，設計で意図した性能（機能）を果たせなくなることをいう．従来の信頼性設計では破壊という言葉が使用されているが，性能設計においては性能喪失という方が適切であると考え，本書では性能喪失という．

性能の限界は，一般に使用限界状態，疲労限界状態，終局限界状態などを想定している．使用限界状態の例としては，過度のたわみや振動などがあり，終局限界状態の例としては部材の破壊，崩壊機構の形成，過度の変形などがある．

性能喪失モードの抽出法としては，故障の木解析（構造物が破壊に至る原因を樹木の枝状に図示したもので，積事象と和事象などの論理記号を用いて図示される），故障モード影響解析などの分析法がある．

例えば，図 3.1 に示すトラス構造を考えるとき，左のトラスは静定トラスであるから，どちらかの部材が性能喪失したときにトラスが崩壊する．したがって，トラスの性能喪失は各事象の和集合で表現される．一方，右図の1次不静定トラスは，いずれか2個の部材が同時に性能喪失する必要が有り，部材の組み合わせは3通りあるので，積集合の和集合でトラスの性能喪失が表現される．

今，部材 $i(i=1,2,3)$ の性能喪失事象を E_i と表すと，それぞれの構造の性能喪失は次のように表現される

$$\mathrm{E}(静定トラスの性能喪失) = \mathrm{E}(E_1 \cup E_2) \tag{3.1}$$

$$\mathrm{E}(不静定トラスの性能喪失) = \mathrm{E}\{(E_1 \cap E_2) \cup (E_1 \cap E_3) \cup (E_2 \cap E_3)\} \tag{3.2}$$

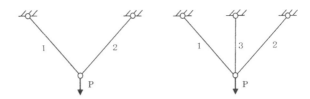

図 3.1　静定トラス（左）と 1 次不静定トラス（右）

ここに，∪は和集合を表し，∩は積集合を表す．ここで，性能喪失事象E_iの確率を$P(E_i)$と表記し，各事象が独立であるとすれば，次のように表せる．

　静定トラスの性能喪失確率は，$P_f = P(E_1) + P(E_2)$　　　　　　　　　(3.3)

　不静定トラスでは，$P_f = P(E_1)P(E_2) + P(E_1)P(E_3) + P(E_2)P(E_3)$　　(3.4)

　ところで，各事象は一般に独立ではない．例えば，図 3.1 のトラスで考えれば，部材の断面力は外荷重 P によって決まるので，断面力は荷重と独立ではなく，したがって部材の性能喪失事象は荷重と従属関係にある．このときの確率の真の値は容易に求めることはできず，一般に上下限値を求めて不等式で表現している．文献 1)によれば，ラフな近似不等式（1 次の範囲）と精度の良い近似不等式（2 次の範囲）の 2 通りが紹介されているが，2 次の範囲を求めるには各事象の相関係数を求める必要があり，性能喪失確率を求める計算過程も複雑である．したがって，実際には相関がないとするか完全相関と割り切って確率計算を行なうことが多いようである．

　ここでは 1 次の範囲の不等式を紹介するにとどめる．1 次の範囲とは，相関なしと完全相関の値で，不等式の上下限値を求める方法といえる．

　まず，構造系の性能喪失モードが和集合で表せるとき，相関がなければ各事象の確率の和で表せる．各事象の相関が完全であれば，いずれか一つの事象に注目すればよく，性能喪失確率が最も大きい事象に注目して，性能喪失確率の不等式を次式のように求めている．

$$\max\{P(E_i)\} \leq P_f \leq \sum_{i=1}^{m} P(E_i) \quad (3.5)$$

　次に，構造系の性能喪失モードが積集合で表せるときは，相関がなければ各

モードの確率の積で表せる．各事象の相関が完全であれば，いずれか一つの事象に注目するのは和集合と同じであるが，この場合，すべての性能喪失モードが共通して現出しているように，最も小さい確率が選ばれるべきであろう．したがって，性能喪失確率の不等式は次式となる．

$$\prod_{i=1}^{m} P(E_i) \leq P_f \leq \min\{P(E_i)\} \qquad (3.6)$$

ここに，Πは積集合を表す総乗記号パイである．式(3.6)からわかるようにこの不等式の範囲は非常に広い．

3.2 性能設計における信頼性理論の適用

(1) 構造全体の性能水準と部材の健全度レベル

性能照査型設計における，構造全体（システム）の性能水準を担保するためには，部材レベルの健全性の評価が適切に行われ，それらが合理的に組み合わせられなくてはならない．例えば，表1.3に示された道路橋の「限定された損傷にとどめる（性能水準2）」という要求性能を満足するために，各部材はどのような力学状態（これを健全度とよぶことにする）を保持すべきであろうか？

図3.2に示すような桁橋を例に考えてみる．橋梁全体としては，限定的な損傷にとどめる性能水準2ということであっても，桁橋を構成する，桁，橋脚，橋台，フーチング，基礎，支承，伸縮装置，落橋防止構造のそれぞれの地震後の健全性が同一であっても良いことにはならない．これは部材の修復の容易さや，想定される事故の軽重が異なるためである．例えば，支承，落橋防止構造やフーチングは無損傷の状態を保持（健全度レベル1）すべきであろうが，桁や橋台・基礎は変形性能に余裕がある状態であればある程度の損傷を許容（健全度レベル2）できよう．橋脚は比較的補修が容易であるので，さらに損傷が進んだ状況でも許容（健全度レベル3）可能であろう．また，伸縮装置は取替えを前提（健全度レベル4）としても良い．

(2) 部材レベルでの性能喪失確率の評価

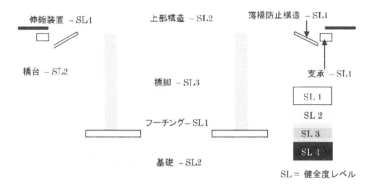

図 3.2　桁橋の性能水準2における健全度レベルの組み合わせ例

　前述のように，一つの性能水準に対して，各部材の要求健全度レベルは異なることが多い．また，現在の設計では部材ごとに照査が行われている．構造全体の性能水準を確保する場合に，部材ごとに性能喪失となる確率を求め，その確率を各部材で同一レベルに揃えるなどの工夫が必要となろう．

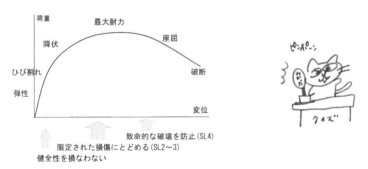

図 3.3　部材の健全度レベルの決定

参考文献

1) 星谷勝・石井清: 構造物の信頼性設計法, 鹿島出版会,1986 年, pp.35-39,96-121.
2) 大塚久哲:耐震基準の性能設計化の現状と今後の課題, 橋梁と基礎, Vol.33 No.6, 1999 年 6 月, pp.39-43.
3) 土木学会：橋の動的耐震設計，3 章 耐震性能，2003 年，pp.3-10.
4) 大塚久哲・松田泰治・大江豊：橋梁の性能照査型耐震設計における部材健全度レベルの組み合わせ，橋梁と基礎，Vol.38, No.12, 2004 年 12 月, pp.40-44.

4章　荷重に関する考察

4.1 構造物に作用する荷重

　構造物の設計にあたって作用荷重を的確に表現することは重要である．設計上考慮すべき荷重として，死荷重，活荷重（交通荷重），土圧，水圧，プレストレス力など常に作用している性質の荷重と，風荷重，地震荷重などのように頻度は小さいがその影響が極めて大きい荷重がある．また，交通荷重のように常時荷重としての作用に対する照査のほかに，頻度が大きいため，疲労亀裂の発生に対する照査が必要な繰り返し荷重もある．

　構造物に対して影響のある荷重をもれなく抽出し，個々の荷重の分布形，平均値，標準偏差などの統計量を種々のデータによって的確に把握することが重要である．また，それらの荷重の的確な組み合わせを選定することも重要である．本章では頻度の少ない荷重の同時発生の確率に関する考察と，道路橋示方書における荷重組み合わせの例を紹介する．

　最近の長大橋の耐震設計や，地域の地震被害想定の作成などにおいては，付近に存在する活断層から発生させた地震動を考慮することが行われている．ここでは想定断層モデルから発生させた地震動のばらつきについて計算例を紹介する．

4.2 同時発生の頻度について [1],[2]

　自然災害の発生頻度分布として，次式で表されるポアソン分布が仮定されることが多い．ここに，λは時間tの間の事象の平均回数である．

$$P(t\text{の間に}x\text{回の事象}) = \frac{\lambda^x}{x!}e^{-\lambda} \tag{4.1}$$

例えば，過去10年間に年平均1回の地震に見舞われている地域があるとして，地震の発生をポアソン過程とすれば，翌年に1回地震に見舞われる確率は，$P = \frac{1^1}{1!}e^{-1}$=0.3679　と算出される．

また，2つの荷重がそれぞれ発生頻度ν_1, ν_2をもつポアソン過程で，平均作用時間μ_{d1}, μ_{d2}をもつとき，2つの荷重の同時発生頻度は次式で与えられる．

$$\nu \cong \nu_1 \nu_2 (\mu_{d1} + \mu_{d2}) \tag{4.2}$$

ここで，例えば上述の地震の継続時間が30秒とし，台風による風荷重を年2回，1回の作用時間を12時間とすれば，同時発生頻度は式(4.2)を用いて次のように計算される．

$$\nu \cong \frac{1}{10} \times \frac{2}{1} \times \left(\frac{0.5}{365 \times 24 \times 60} + \frac{0.5}{365} \right) = 2.74 \times 10^{-4} \text{回/年}$$

意外に小さな値となることがわかる．

4.3 荷重の組み合わせ[3)]

荷重の組み合わせの一例を道路橋示方書共通編から紹介する．まず荷重は，死荷重・活荷重・プレストレス力など9つの荷重からなる主荷重（P），雪荷重・地盤変動の影響・波圧などの5つの荷重からなる主荷重に相当する特殊荷重（PP），風荷重・温度変化の影響・地震の影響からなる従荷重(S)，制動荷重・施工時荷重など3つの荷重とその他からなる特殊荷重(PA)の4つに分類されている．次に荷重の組み合わせについては，上部構造については10種類，下部構造については8種類が規定されており，最も不利な組み合わせに対して設計することとしている．

ここで，従荷重の3つに着目すると，風荷重はPとPP，及びSの温度変化の影響との組み合わせが規定されているが，地震の影響は活荷重と衝撃以外のPとの組み合わせを考えるのみで，他の従荷重との組み合わせはない．現行の荷重組み合わせにおいて，地震の影響と風荷重の組み合わせがないのは，上述の同時発生頻度をみるとある程度理解されようが，地震の影響を考慮するとき

に活荷重を考慮しなくて良いのかなどの疑問は残るので，これらについても同時発生頻度などを計算してその根拠を明確に示しておくことは重要であろう．

4.4 想定断層モデルから発生させた地震動のばらつき [4)]

1923年の関東大震災をもたらした断層モデルについては多くの研究が行われており，観測された地震波形や各地の被害状況から，確度の高い断層モデルが想定されている．しかし，その断層が将来の地震動を引き起こすにしても，破壊開始点や滑り分布などの断層パラメータが1923年の関東大地震と同じになるとは限らず，ある程度の不確定性が存在する．常識的な断層パラメータを想定したとき，ある着目地点における地震動の応答スペクトルがどの程度ばらつくかを見てみる．

図4.1は関東大地震の再現に用いた想定断層モデル（表4.1に破壊モデルパラメータを示す）で，★は破壊開始点，等高線は最終の滑り量を示す．相模トラフにおける将来の大地震では，関東大地震の場合とは異なった滑り分布及び震源（破壊開始点）位置が予想され，また，破壊伝播速度及び立ち上がり時間についても不確定性がある．したがって，震源パラメータの不確定性を考慮し，各種震源パラメータの値を変動させ

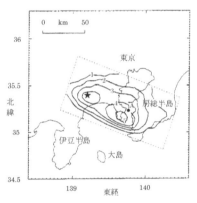

図4.1 1923年関東大地震の想定断層と滑り量分布(単位m)，及び着目地点の位置(黒丸)

表4.1 破壊モデルパラメータ

震源	北緯35.40度N，東経139.20度E，深さ14.6km，
断層 パラメータ	走向N70度W，傾斜角25度NE，長さ130km，幅70km，深さ2.0-31.6km，地震モーメント7.8×10^{27}dyne-cm
破壊 パラメータ	速度3.0km/sec，破壊モード=放射方向，時間関数8秒(幅4秒の三角パルスを2秒毎に重ねた3つのタイムウィンドウ)

て数多くの時刻歴波形を算出した後，それらの応答スペクトルを計算し、応答スペクトルの中央値とばらつきを用いて地震動を評価した．

広帯域の時刻歴波形の計算方法として，地震動を長周期帯域と短周期帯域に分けて，その両者を合成し時刻歴波形を求めるハイブリッド法を用いている．長周期帯域では，地震波振幅の方位特性，断層の破壊伝播効果および媒質の波動伝播効果を理論的に計算する理論的グリーン関数を用いた波形計算法を利用している．また，短周期帯域では，既往大地震の震源近傍で発生した中小地震の観測記録から求めた経験的震源時間関数と，地震波振幅の方位特性を無視して計算されたグリーン関数を用いて半経験的に地震動を作成している．

断層面の形状モデルは、図4.1と同じとし，破壊伝播速度は中央値3km/s，標準偏差0.5km/sの標準正規分布を仮定し，2.5km/s、3km/s ，3.5km/sの3ケースを計算に用い，それらの重みはそれぞれ，0.275, 0.45, 0.275としている．立ち上がり時間は断層面上のある位置における滑りの継続時間を表す。主要動と短周期の地震動シミュレーションに用いるサブイベントの立ち上がり時間の中央値と標準偏差を過去の研究から類推し，表4.2に示すような重みつきの5ケースを考えた．

次に，滑り分布モデルを8個作成した。それぞれにおいて幅方向14分割，長さ方向26分割，計364個の要素断層の滑り量と滑り方向を仮定した．最後に，図4.2に示す8個の破壊開始点を断層内に想定した．滑り分布モデルと破壊開始点の重みはともに均等の1/8としている．

以上に示した3×5×8×8＝960ケースについて，図4.1に示す東京湾口の海底（位置を・印で示す）における地震動波形を算出した．このうちの代表的

表4.2 仮定された立ち上がり時間(秒)の分布

主要動の立ち上がり時間	サブイベントの立ち上がり時間	重み
4.0(中央値－標準偏差)	1.5 (中央値)	.1375
6.0(中央値)	1.0 (中央値－標準偏差)	.1375
6.0(中央値)	1.5 (中央値)	.45
6.0(中央値)	2.0 (中央値＋標準偏差)	.1375
8.0(中央値＋標準偏差)	1.5 (中央値)	.1375

なパラメータを持つ 10 個の波形を図 4.3 に示す．

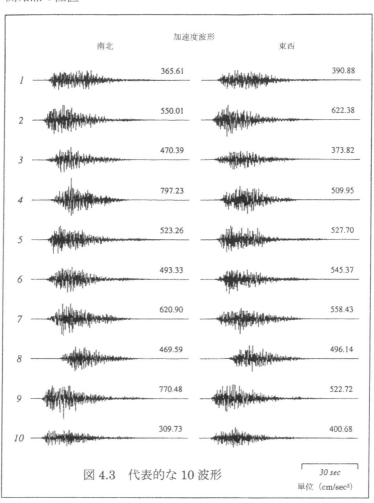

図 4.2 異なる 8 個の破壊開始点の位置

図 4.3 代表的な 10 波形

全波形の加速度及び速度応答スペクトルを求め，それらの平均値と±標準偏差の値を図示すれば図 4.4 をえる．図から長周期側で応答スペクトルのばらつきが大きくなることがわかる．

本節で述べた手法は，断層近傍における地震動評価に対して，十分実用的な地震動を与えることができるといえる．また，着目点の地震動の大きさは類似地点の地震動を評価する上で有用な工学的資料となろう．

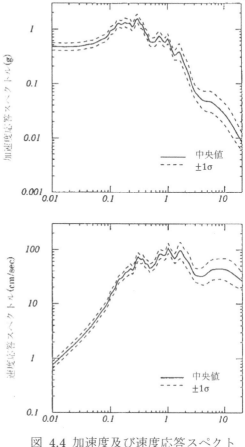

図 4.4 加速度及び速度応答スペクトルの平均値と±標準偏差

参考文献

1) 星谷 勝・石井 清: 構造物の信頼性設計法, 鹿島出版会,1986 年, p.133.
2) 伊藤學・亀田弘行訳：土木・建築のための確率・統計の基礎，丸善，1977 年，pp.113-116.
3) 日本道路協会：道路橋示方書Ⅰ共通編，例えば 1996 年版，pp.9,70-71.
4) 大塚 久哲・P.G. Somerville・佐藤俊明：断層パラメータの予測誤差を考慮した広帯域地震動の評価，土木学会論文集，No.584/I-42,1998 年 1 月, pp.185-200.

5章　性能喪失確率を求める設計

5.1 確率密度関数を用いた性能喪失確率の求め方 [1],[2]

正であれば性能を満足し，負であれば性能を満足することができない（性能喪失）関数のことを性能関数という．例えば，引張り軸力を受ける棒を考えるとき，降伏応力度が発生応力度を下回ると，すなわち $\sigma_U \leq \sigma_t (= F/A)$ であれば性能喪失とする．ここに，σ_U：降伏応力度，σ_t：発生応力度，F：引張り荷重，A：棒の断面積である．このとき性能関数は，$Z = R - S = \sigma_U - \sigma_t$ と表現できる．ここに，Rは強度に関する変数，Sは荷重に関する変数である．

性崩喪失モードiの生起確率P_{fi}を求める式は，性能関数を用いて式(5.1)のように表せる．

$$P_{fi} = P(Z_i \leq 0) = P\{g_i(X_1, X_2, \cdots, X_n) \leq 0\}$$
$$= \iint \cdots \int f_{X_1, X_2, \cdots, X_n}(x_1, x_2, \cdots, x_n) dx_1 dx_2 \cdots dx_n \quad (5.1)$$

ここに，$f_{X_1, X_2, \cdots, X_n}(x_1, x_2, \cdots, x_n)$は，確率変数$X_1, X_2, \cdots, X_n$の結合確率密度関数である．実際の構造物の結合確率密度関数を定義することは，ほとんど不可能であるため，代替案として，近似理論解析による方法か，数値解析法としてモンテカルロシミュレーションが利用される．

5.1.1 性能損失確率の2種類の定式化

性能関数を$Z = R - S$とする．（Rは強度，Sは荷重）

$$P_f = P(Z \leq 0) = \iint f_{R,S}(r,s) drds = \int_0^\infty \int_0^s f_{R,S}(r,s) drds \quad (5.2)$$

RとSが独立とすれば，$f_{R,S}(r,s) = f_R(r)f_S(s)$と書ける．$R$が$S$より小さくなる確

率を求めるのであるから，図 5.1(a)において任意点 s における $f_s(s)$ と，s までの $f_R(r)$ の面積，すなわち $F_R(s)$ との積を s に関して積分すればよい．したがって，式(5.3)をえる．

$$P_f = \int_0^\infty f_s(s)\{\int_0^s f_R(r)dr\}ds = \int_0^\infty f_s(s)F_R(s)ds \tag{5.3}$$

あるいは，図 5.1(b)において任意点 r における $f_R(r)$ と，r より大きい $f_s(s)$ の面積，すなわち $\{1 - F_S(r)\}$ との積を r に関して積分してもよいから式(5.4)をえる．

$$P_f = \int_0^\infty f_R(r)\{1 - \int_0^r f_s(s)ds\}dr = \int_0^\infty f_R(r)\{1 - F_S(r)\}dr \tag{5.4}$$

ここに，$F_R(r)$ は R に関する，$F_S(s)$ は S に関する確率分布関数である．

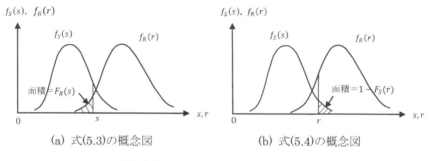

(a) 式(5.3)の概念図　　(b) 式(5.4)の概念図

図 5.1 性能喪失確率の求め方（2 種類の定式化）

【例題 5.1】荷重による応力と材料の降伏応力が図のように一様分布している構造部材に対し，性能喪失確率を積分によって求めよ．

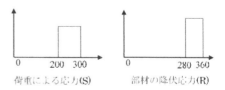

【解答】性能喪失確率は，$P_f = \int_0^\infty p_R(x)[1 - P_S(x)]dx$ または $P_f = \int_0^\infty p_S(x)P_R(x)dx$ で求められる．ここに小文字は確率密度関数，大文字は確率分布関数を示す．

題意により，$p_R(x) = \frac{1}{360-280} = \frac{1}{80}$ ，$p_S(x) = \frac{1}{300-200} = \frac{1}{100}$

$$P_R(x)=\int_0^x p_R(x)dx = \int_{280}^x \frac{1}{80}dx = \frac{1}{80}(x-280) \quad ただし \quad 280 \leq x \leq 360$$

$$P_S(x)=\int_0^x p_S(x)dx = \int_{200}^x \frac{1}{100}dx = \frac{1}{100}(x-200) \quad ただし \quad 200 \leq x \leq 300$$

P_RとP_Sを用いた場合の計算をそれぞれ次に示す．結果は同じである．

$$P_f = \int_0^\infty p_S(x)P_R(x)dx = \int_{280}^{300} \frac{1}{100} \times \frac{1}{80}(x-280)dx = \frac{2}{80}=0.025$$

$$P_f = \int_0^\infty p_R(x)[1-P_S(x)]dx = \int_{280}^{300} \frac{1}{80}\left[1-\frac{1}{100}(x-200)\right]dx = \frac{2}{80}=0.025$$

5.1.2 性能関数が正規確率変数の場合

RとSがそれぞれ$N(\mu_R, \sigma_R)$,$N(\mu_S, \sigma_S)$なる正規確率変数であるとすると，性能関数Zは，$N(\mu_Z, \sigma_Z) = N(\mu_R - \mu_S, \sqrt{\sigma_R^2 + \sigma_S^2})$なる正規確率変数となる（平均値および分散の加成性より）．

したがって，性能喪失モードの生起確率は次式で求められる．

$$P_f = P(Z \leq 0) = \frac{1}{\sqrt{2\pi}\sigma_Z} \int_{-\infty}^0 e^{-\frac{1}{2}\left(\frac{z-\mu_Z}{\sigma_Z}\right)^2} dz \tag{5.5}$$

ここで，変数zを $y = \frac{z-\mu_Z}{\sigma_Z}$ を用いて変換すれば，$dy = dz/\sigma_Z$であるから

$$P_f = \frac{1}{\sqrt{2\pi}} \int_{-\infty}^{-\frac{\mu_Z}{\sigma_Z}} e^{-\frac{1}{2}y^2} dy = \emptyset\left(-\frac{\mu_Z}{\sigma_Z}\right) = 1 - \emptyset\left(\frac{\mu_Z}{\sigma_Z}\right) = 1 - \emptyset\left(\frac{\mu_R - \mu_S}{\sqrt{\sigma_R^2 + \sigma_S^2}}\right) \tag{5.6}$$

ここで，$\emptyset(\cdot)$は，平均値0，標準偏差1の標準正規確率分布関数である(式(2.23)および図2.4，表2.1参照).

例えば，N（240kN, 50kN)なる引張荷重が，抵抗力N（400kN, 40kN)なる等断面棒に作用する場合の性能喪失確率P_fは，次式で求められる．

$$P_f = 1-\emptyset\left(\frac{\mu_R-\mu_S}{\sqrt{\sigma_R^2+\sigma_S^2}}\right) = 1-\emptyset\left(\frac{400-240}{\sqrt{50^2+40^2}}\right) = 1-\emptyset(2.5) = 0.00621$$

【例題 5.2】梁中央に集中荷重Pを受ける単純梁を考える．荷重による最大曲げモーメントが降伏モーメントに達した時，梁が性能喪失状態に達するとして以下の問に答えよ．ただし，梁の長さL=3m，断面係数W=3.30×10⁻⁴m³ は確定

量とし，荷重Pと降伏応力f_yは各問に示すような確率変数とする．

(1) 性能関数を$F=R-S$とするとき，R，Sはどのように表されるか．L，P，W，f_yを用いて答えよ．

(2) Pとf_yが互いに独立，かつ正規分布に従うものとして，性能喪失確率P_fを求めよ．ただし，Pとf_yの平均値，標準偏差は次の値とする．$\bar{P}=90\mathrm{kN}$，$\sigma_P=6\mathrm{kN}$，$\bar{f}_y=240\mathrm{MPa}$，$\sigma_{fy}=12\mathrm{MPa}$（$\mathrm{MPa}=10^3\mathrm{kN/m^2}$）

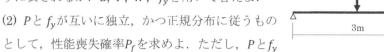

【解答】(1) 梁の降伏モーメントはWf_yで表される．荷重による最大曲げモーメントは梁の中央点に生じ，$PL/4$である．ゆえに，$R=Wf_y$ および $S=PL/4$を得る．このときの性能関数Fは，$F=R-S=Wf_y-PL/4$である．

(2) W及びLは確定量，f_y及びPは正規分布をする確率量であるから，Fも正規分布となる．従って，性能喪失確率P_fは，式(5.6)を参照して次式で計算される．

$$P_f = 1 - \phi\left(\frac{\mu_R - \mu_S}{\sqrt{\sigma_R^2 + \sigma_S^2}}\right)$$

ここに，$\mu_R - \mu_S = W\bar{f}_y - \bar{P}L/4$

$=3.30\times 10^{-4}\times 240\times 10^3 - 90\times 3/4$ $=79.2-67.5=11.70\mathrm{kNm}$

$$\sqrt{(\sigma_R)^2+(\sigma_S)^2}=\sqrt{(W\sigma_{fy})^2+(\sigma_P L/4)^2}$$

$=\sqrt{(3.30\times 10^{-4}\times 12\times 10^3)^2+(6\times 0.75)^2}=\sqrt{(3.96)^2+(4.5)^2}=5.99\mathrm{kNm}$

であるから，$\frac{\mu_R-\mu_S}{\sqrt{\sigma_R^2+\sigma_S^2}}=\frac{11.70}{5.99}=1.953$　∴ $P_f=1-\phi(1.953)$

標準正規分布表より変量1.953に対する分布関数の値は，0.9746
したがって，$P_f=1-0.9746=0.0254=2.54\%$

5.1.3 性能関数が対数正規確率変数の場合

RとSがともに対数正規確率変数であり，それらの自然対数を取った新しい確率変数$\ln R$と$\ln S$の平均値，標準偏差をそれぞれ(λ_R, ζ_R)，(λ_S, ζ_S)とすると，性能関数Zは，$Z=N(\lambda_Z, \zeta_Z)=N\left(\lambda_R-\lambda_S, \sqrt{\zeta_R^2+\zeta_S^2}\right)$なる正規確率変数で表せ

る．したがって，性能喪失モードの生起確率は式(5.7)で求められる．

$$P_f = \Phi\left(-\frac{\lambda_z}{\zeta_z}\right) = 1 - \Phi\left(\frac{\lambda_z}{\zeta_z}\right) = 1 - \Phi\left(\frac{\lambda_R - \lambda_S}{\sqrt{\zeta_R^2 + \zeta_S^2}}\right) \tag{5.7}$$

ただし，新しい確率変数の平均値と標準偏差をもとの確率変数の平均値と標準偏差で表せば，式(2.11), (2.13)を参照して，$\lambda_R - \lambda_S = \ln\mu_R - \ln\mu_S = \ln(\mu_R/\mu_S)$, $\zeta_R = \sigma_R/\mu_R$, $\zeta_S = \sigma_S/\mu_S$ となる．

【例題 5.3】例題 5.2 の確率変数が対数正規分布であるとして，性能喪失確率を求めよ．

【解答】題意より，$P_f = 1 - \Phi\left(\frac{\ln(\mu_R/\mu_S)}{\sqrt{(\sigma_R/\mu_R)^2 + (\sigma_S/\mu_S)^2}}\right)$ を計算すればよい．

もとの確率変数に対する平均値，標準偏差は，例題 5.2 の解答で求めた値を用いて，$\ln(\mu_R/\mu_S) = \ln(79.2/67.5) = 0.160$,

$$\sqrt{(\sigma_R/\mu_R)^2 + (\sigma_S/\mu_S)^2} = \sqrt{(3.96/79.2)^2 + (4.5/67.5)^2} = 0.0834$$

よって，$P_f = 1 - \Phi\left(\frac{0.160}{0.0834}\right) = 1 - \Phi(1.918) = 0.0275 = 2.75\%$

【課題 5.1】軸力 P を受ける断面積 A の部材がある．A は確定量，P と材料の降伏応力 f_y は正規確率変数とする．P と f_y は独立であり，下記の統計量をもつものとして，以下の問に答えよ．($\bar{}$ は平均値，σ は標準偏差を示す．) $\bar{P} = 200\text{kN}, \sigma_p = 30\text{kN}, \bar{f_y} = 240\text{MPa}, \sigma_{fy} = 12\text{MPa}, (\text{MPa} = 10^{-3}\text{kN/mm}^2)$

(1) 中央安全率を 1.5 とすれば，必要断面積はいくらとなるか．
(2) 荷重が P_D を超える確率が 0.10 となるような α_{DP} と P_D を求めよ．
(3) 降伏応力が f_D を下回る確率が 0.10 となるような α_{DS} と f_D を求めよ．
  ここに，$P_D = \bar{P} + \alpha_{DP}\sigma_P$, $f_D = \bar{f_y} - \alpha_{DS}\sigma_{fy}$ である．
(4) (2), (3)より求めた P_D, f_D を用いて必要断面積を決定せよ．
(5) 荷重による応力が降伏応力を超えたとき部材が性能喪失となるとき，その確率はいくらになるか．(1)と(4)で求めた断面積に対して答えよ．

5.2 モンテカルロシミュレーションによる性能喪失確率の算定 [3]

数値計算によって性能喪失確率を求める手法の一つにモンテカルロシミュレーションがある．この方法では，発生させた乱数を用いて，規定された確率分布の確率変数を求め，その値により必要な設計諸量を計算して，性能関数を満足するか否かを判定する．これを必要十分な多数の乱数に対して行えば，所要の精度の確率値が求められると考えて良い．図 5.2 はその計算フローチャートを示したものである．

Step 4 に示す，発生させた乱数を確率変数に変換する方法について述べる．例えば，0〜1 の一様乱数から，一様確率密度関数 (x_i) への変換は，図 5.3(a) を参照して次式で求められる．

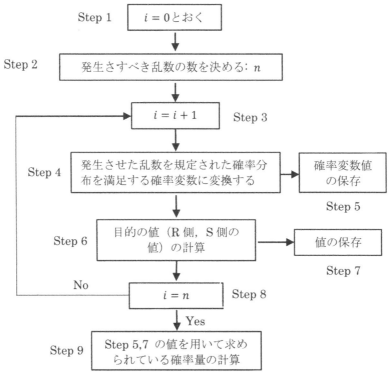

図 5.2 モンテカルロシミュレーションによる確率計算フローチャート

$$\frac{b-a}{1-0} = \frac{x_i - a}{m_i - 0} \quad \therefore x_i = a + m_i(b-a) \tag{5.8}$$

同図において，直線を確率分布（この場合，一様確率密度関数に対する一様確率分布関数）と見なせば，m_iは確率変数x_iに対する確率分布の値$P(x \leq x_i)$にほかならないから，式(5.8)は式(5.9)のようにも表現できる．

$$x_i = a + P(x \leq x_i)(b-a) \tag{5.9}$$

同様に，図 5.3(b) に示す任意の確率分布関数において，確率変数の値に対する確率分布関数の値が既知であれば，一様乱数の値から確率変数の値を知ることができる．

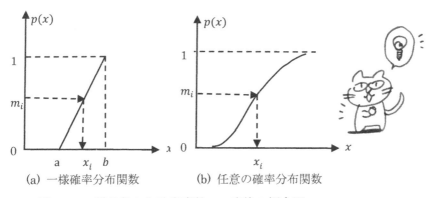

(a) 一様確率分布関数　　(b) 任意の確率分布関数

図 5.3　一様乱数から確率変数への変換の概念図

【例題 5.4】 平均値 1.113，標準偏差 0.083 である一様確率密度関数の確率変数を 10 個作れ．ただし，与えられた乱数表からの値を用いてよい．

サンプル番号	乱数表からの値
1	52478
2	80249
3	94132
4	56605
5	58815
6	69379
7	75228
8	14327
9	90625
10	06070

【解答】 a～b に分布する一様確率密度関数に対する平均値と分散は，それぞれ $\frac{a+b}{2}$, $\frac{(b-a)^2}{12}$ で表される．題意から $\frac{a+b}{2} = 1.113$, $\frac{(b-a)^2}{12} = 0.083^2$，これを解いて，a=0.969, b=1.257 したがって，確率変数を求める式は

$x_i = 0.969 + m_i(1.257 - 0.969) = 0.969 + 0.288 m_i$

ここに，m_i は i 番目の乱数表からの値である．
最初の乱数 52478 に対応する確率変数は，
$x_1 = 0.969 + 0.288 m_i = 0.969 + 0.288 \times 0.52478 = 1.1.20$
同様の計算を繰り返して，下表の値を得る．

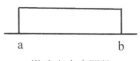
一様確率密度関数

サンプル番号	1	2	3	4	5
確率変数	1.120	1.200	1.240	1.132	1.138
サンプル番号	6	7	8	9	10
確率変数	1.169	1.186	1.010	1.230	0.986

（参考までに，このデータの平均値と標準偏差は $\bar{x} = 1.141, \sigma = 0.081$ である．）

【例題 5.5】 例題 5.2 の説明文及びその小問(1)を踏まえて，次の問に答えよ．
P は 82kN から 100kN まで，f_y は 220MPa から 250MPa まで，それぞれ一様分布で互いに独立であるとき，次の方法により性能喪失確率 P_f を求めよ．
(1) モンテカルロ法による場合，ただし下表の乱数の値を用いよ．
(2) 確率密度関数の積分による場合

サンプル番号	1	2	3	4	5
R 用乱数	39404	84131	65097	44552	11997
S 用乱数	16964	03060	46517	41481	11580
サンプル番号	6	7	8	9	10
R 用乱数	89716	85258	45790	92386	80321
S 用乱数	92862	27419	01450	61200	66047

【解答】 $R = W f_y$ であるから，72.60 kNm $\leq R \leq$ 82.50 kNm を得る．
一方，$S = PL/4$ であるから 61.50kNm $\leq S \leq$ 75.00kNm を得る．
(1) R の値は，最初の乱数値 39404 に対して $R_1 = 72.60 + (82.50 - 72.60) \times 0.39404 = 76.50$，以下同様にして，表に示す R 値を得る．
S の値は，最初の乱数値 16964 に対して $S_1 = 61.50 + (75.50 - 61.50) \times 0.16964 = 63.87$，こちらも同様な計算により，表に示す S 値を得る．

これらの値を比較して，破壊基準関数 F の符号を見ると全て正である．よって，性能喪失確率 P_f は 0.0 となる．((2)の解答に見るように小さな性能喪失確率に対してはサンプル数を十分大きく取る必要がある)

サンプル番号	1	2	3	4	5
R の値	76.50	80.93	79.04	77.01	73.79
S の値	63.87	61.91	67.78	67.10	63.06
F の符号	正	正	正	正	正
サンプル番号	6	7	8	9	10
R の値	81.48	81.04	77.13	81.75	80.55
S の値	74.04	65.20	61.70	69.76	70.42
F の符号	正	正	正	正	正

(2) 性能喪失確率は，$P_f = \int_{-\infty}^{\infty} p_S(x) P_R(x) dx$　で求められる．

　　R の確率密度関数は　$p_R(x) = \frac{1}{82.50-72.60} = 1.010 \times 10^{-1}$

ゆえに R の分布関数は　$P_R(x) = \int_{72.60}^{x} p_R(x) dx = 1.010 \times 10^{-1} (x - 72.60)$

S の確率密度関数は　$p_S(x) = \frac{1}{75.00-61.50} = 7.407 \times 10^{-2}$

∴ $P_f = \int_{-\infty}^{\infty} p_S(x) P_R(x) dx = \int_{72.60}^{75.00} 7.407 \times 10^{-2} \times 1.010 \times 10^{-1} (x - 72.60) \, dx,$
　　$= 0.0215 = 2.15\%$

【課題 5.2】長さ 6m の片持ち梁の先端に集中荷重 P が作用し，全長にわたって等分布荷重 w が作用している．固定端の曲げモーメントの平均値と標準偏差をモンテカルロ法により求めよ．ただし，P と w は互いに独立で正規確率分布に従う．各確率変数に対して 5 個の乱数を発生させて計算せよ．ただし，P と w の平均値，標準偏差は次のとおりである．$\bar{P} = 4$kN, $\sigma_p = 0.4$kN, $\bar{w} = 0.5$kN/m, $\sigma_w = 0.05$kN/m

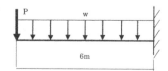

参考文献

1) 星谷勝・石井清： 構造物の信頼性設計法，鹿島出版会,1986年， pp.59－61.
2) 尾坂芳夫・高岡宣善・星谷勝：土木構造設計法,技報堂出版, 1981年, pp.45-48.
3) 星谷勝・石井清： 構造物の信頼性設計法，鹿島出版会,1986年， pp. 80-85.

6章 安全性指標を用いた設計法

6.1 安全性指標を用いた設計法の概念 [1],[2]

Zが性能喪失モードの性能関数で，$z>0$で安全，$z \leq 0$で性能喪失とする．Zの平均値をμ_z，標準偏差をσ_zとするとき，安全性指標と呼ばれる$\beta = \mu_z/\sigma_z$を導入する．図6.1に示すようにβは性能喪失点$Z=0$から平均値μ_zがどの程度離れているか（$\beta\sigma_z$）を示しており，安全性に対する余裕の尺度として使用される．性能喪失確率は同図のハッチ部で示され，βが大きいほどその値は小さくなる．

RとSが独立で，ともに正規分布に従う確率変数とすれば，Zも正規確率変数となることから，安全性指標と性能喪失確率は次のように関係づけられる．

$$\beta = \frac{\mu_z}{\sigma_z} = \frac{\mu_R - \mu_S}{\sqrt{\sigma_R^2 + \sigma_S^2}} \quad (6.1)$$

$$P_f = 1 - \emptyset\left(\frac{\mu_z}{\sigma_z}\right) = 1 - \emptyset(\beta) \quad (6.2)$$

表6.1はβとP_fの関係を示す．

表6.1 βとP_fの関係

β	P_f	P_f	β
1	1.59×10^{-1}	10^{-1}	1.29
2	2.27×10^{-2}	10^{-2}	2.32
2.5	6.21×10^{-3}	10^{-3}	3.09
3	1.35×10^{-3}	10^{-4}	3.72
3.5	2.33×10^{-4}	10^{-5}	4.27
4	3.17×10^{-5}	10^{-6}	4.75
4.5	3.40×10^{-6}	10^{-7}	5.20
5	2.90×10^{-7}	10^{-8}	5.61
5.5	1.90×10^{-8}	10^{-9}	6.00
6	1.00×10^{-9}	10^{-10}	6.36
性能関数$Z = R - S$，かつR, Sは正規確率変数と仮定する			

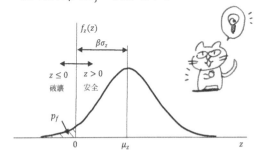

図6.1 安全性指標βとP_fの関係

同様にRとSが独立で，ともに対数正規分布に従う確率変数とすれば，安全性指標は次のように表現される．

$$\beta = \frac{\mu_Z}{\sigma_Z} = \frac{\ln(\mu_R/\mu_S)}{\sqrt{(\sigma_R/\mu_R)^2+(\sigma_S/\mu_S)^2}} = \frac{\ln(\mu_R/\mu_S)}{\sqrt{V_R^2+V_S^2}} \tag{6.3}$$

ここに，V_R, V_SはRとSの変動係数である

【例題 6.1】 鋼材の降伏応力の平均値及び標準偏差を240MPa，12MPaとする．また，荷重による応力の平均値，標準偏差を200MPa，30MPaとする．荷重による応力と降伏応力が互いに独立，かつ正規分布に従う．荷重による応力が降伏応力に達した時にこの部材は性能を喪失するものとして，次の問に答えよ．

(1) 安全性指標βを求めよ．　　(2) 性能喪失確率P_fを求めよ．

【解答】 性能関数は$Z = R - S$ で表される．ここにRは降伏応力，Sは荷重による応力である．この時，Zの平均値μ_Z，標準偏差σ_Zは

$\mu_Z = \mu_R - \mu_S = 240 - 200 = 40$MPa

$\sigma_Z = \sqrt{\sigma_R^2 + \sigma_S^2} = \sqrt{12^2 + 30^2} = 32.3$MPa

(1) 安全性指標βは，定義より　　$\beta = \mu_Z/\sigma_Z = 40/32.3 = 1.238$

(2) 標準正規分布表より，$\beta = 1.238$ に対応する値は0.8921であるから，

$P_f = 1 - 0.8921 = 0.1079 = 10.79\%$

【例題 6.2】 前問の確率変数が対数正規分布として，同じ問に答えよ．

【解答】 (1) $\mu_Z = \ln(\mu_R/\mu_S) = \ln(240/200) = 0.1823$,

$\sigma_Z = \sqrt{(\sigma_R/\mu_R)^2 + (\sigma_S/\mu_S)^2} = \sqrt{(12/240)^2 + (30/200)^2} = 0.1581$

よって，$\beta = \mu_Z/\sigma_Z = 0.1823/0.1581 = 1.153$

(2) 標準正規分布表より，$\beta = 1.153$ に対応する値は0.8756であるから，

$P_f = 1 - 0.8756 = 0.1244 = 12.44\%$

6.2 安全性指標を用いた海洋鋼構造物継手部の疲労設計 [3)-10)]

6.2.1 はじめに

本節では海洋鋼構造物継手部の疲労設計を，安全性指標を用いた信頼性設

計法によって行うとしたときの設計規範 [10]を紹介する．疲労設計の法則や馴染みの薄い確率分布が出てくるが，信頼性設計法の一応用例として十分理解され，今後，色々な構造物に対する信頼性設計法の規範を作成するときの一助にされたい．

6.2.2 疲労設計の考え方

鋼構造物の疲労限界状態に対する安全性照査は一般に式(6.4) で示されるマイナー(Miner)の線形累積損傷則を用いることが多く，海洋構造物の継手部の設計にも用いられている．

$$D = \sum_{i=1}^{k} \frac{n_i}{N_i} \leq D_r \tag{6.4}$$

ここに，D は累積損傷率，n_i は応力振幅 i における荷重の繰り返し総数，N_i はその応力振幅で材料が破壊に至る荷重の繰り返し総数（疲労（S-N）曲線から求める），k は一定応力振幅が幾つあるかを示す数(ブロック数)，D_r は限界損傷率である．例えば，ある部材が設定された設計寿命中に 10MPa の応力振幅を10 万回受け，20MPa の応力振幅を 5 万回受けるとする．その部材はそれぞれの応力振幅を 50 万回と 20 万回受けると疲労破壊することがわかっているとき，この部材の累積損傷率は，次のように計算される．

$$D = \frac{10}{50} + \frac{5}{20} = 0.45$$

もともと，マイナー則は不規則な応力振幅下での破壊は $D \geq 1$ で生じるとしているが，ランダムな疲労実験の結果によれば，もっと一般的に疲労破壊を $D \geq D_r$ とするのが良いとされる．例えば DnV[3] では当該部材の重要性や検査・補修の難易によって 0.1，0.3，1.0 の 3 通りの値が用いられている．

しかし，これらの値がいかなる性能喪失確率（安全性指標）をもつかは不明である．D_r はある分布幅をもつ確率変数とみるのが妥当であるので，仮に D_r を平均値 1.0，変動係数 0.30 の対数正規分布と見なして D_r の累積分布曲線を求

めれば，累積分布曲線の値がそのDr値での性能喪失確率を示すと考えて良いので，以下のような諸数値を得る．

Dr＝0.1 に対して，性能喪失確率 7.0×10^{-15}

Dr＝0.3 に対して，性能喪失確率 3.84×10^{-5}

Dr＝1.0 に対して，性能喪失確率 0.558

これから，Dr＝0.1 は判定値として厳し過ぎ，Dr＝1.0 では緩やかすぎることが分かる．しかし，これは限界損傷率のみを確率変数と考えての考察であって，S-N 曲線のばらつきや，波高から構造物に発生する応力を求める過程での誤差などを考えると，海洋鋼構造物の継手の疲労設計には，これらの設計変数を確率量として取り扱える信頼性設計規範が必要であると判断される．

このような背景から，Wirsching, P.H.は 1980 年代の前半に信頼性を考慮した海洋構造物の疲労設計規範を提案した[4),5)]．この設計規範は，波のスペクトル形状，水深，構造物の動特性，継手位置などを考慮でき，API (American Petroleum Institute) の新しい設計規範[6)]となっている．本節では彼の提唱した設計規範を紹介し，併せて著者の行った数値計算に基づき各種設計変数が安全性指標に及ぼす影響を示す．また，安全性指標をパラメータとした設計応力決定のための図表，日本海沿岸域における波高の長期計測結果を用いて計算した応力分布曲線，及びそれらを用いた簡単な設計例を示す．

6.2.3 信頼性疲労設計

(1) 累積疲労損傷の評価法

一定応力振幅による疲労曲線は式(6.5)のように定義される．

$$NS^m = K \tag{6.5}$$

ここに，S は応力振幅，m および K は実験定数，N は応力振幅 S で破壊に至るまでの繰り返し総数である．応力振幅 S を 1 サイクルごとに異なるものと考えてS_jと表記すると，応力振幅S_jが 1 サイクル作用したときの疲労損傷D_jは，マイナー則を適用して，

$$D_j = \frac{1}{N_j(S_j)} \quad \therefore D_j = \frac{S_j{}^m}{K} \tag{6.6}$$

累積損傷率は応力サイクルごとの損傷を全て加え合わせれば良いから，

$$D = \sum_{j=1}^{N_T} D_j = \sum_{j=1}^{N_T} \frac{S_j{}^m}{K} = \frac{1}{K}\sum_{j=1}^{N_T} S_j{}^m \tag{6.7}$$

ここに，N_Tは継手の寿命Tに対する応力振幅の繰り返し総数である．

式（6.7）の$\sum_{j=1}^{N_T} S_j{}^m$をN_Tで割った値は，N_Tが大きな数値であれば，S^mの期待値（平均値）$E(S^m)$と考えてよいから，式(6.7)は次式のように表現できる．

$$D = \frac{N_T}{K} E(S^m) \tag{6.8}$$

ここで，信頼性設計法の準備のためにSを新たに$S_a = B \cdot S$とおく．S_aは部材の実際の応力振幅，Sは計算上の応力振幅，Bは応力算定におけるモデル化の誤差を定量化するための確率変数である．また，応力サイクルの平均振動数をf_0とすると，$f_0 = N_T/T$と書ける．これらを式(6.8)に代入すれば，Dは次のように表現できる．

$$D = \frac{N_T}{K} E(S^m) = \frac{f_0 T}{K} E(B^m S^m) = \frac{f_0 T}{K} B^m E(S^m) = \frac{T}{K} B^m \Omega \tag{6.9}$$

上式において，$f_0 E(S^m) = \Omega$ とおいた．Ωは応力パラメータと呼ばれ，幾つかの評価方法が提案されているが，ここでは，応力振幅の長期分布をワイブル分布と仮定して誘導された次式を用いる[5]（誘導については補遺1参照）．

$$\Omega = \lambda(m) f_0 S_{max}{}^m [lnN_T]^{-a} \Gamma(a+1) \tag{6.10}$$

ここに，S_{max}は設計寿命中に一度だけ現れる最大の応力振幅，$a = m/\xi$（ξはワイブル形状パラメータ．ここでは応力振幅パラメータと呼ぶ），$\Gamma(\cdot)$はガンマ関数，$\lambda(m)$はレインフロー修正形数（波の周波数スペクトルが実際には広帯域になることを考慮した修正係数で，mの関数であることが数値実験により知ら

れている[5]) である．

このとき，任意の応力振幅S_rを越える繰り返し回数Nと，無次元応力比S_r/S_{max}との関係は，次式で与えられる(誘導については補遺2参照)．

$$\frac{S_r}{S_{max}} = [1 - \frac{lnN}{lnN_T}]^{1/\xi} \tag{6.11}$$

ここで，例えば，N_T=1.58×10⁸ ($f_0 = 0.25H_z$, $T = 20$年としたときの繰り返し総数に相当)として，ξをパラメータとした$S_r/S_{max} - N$曲線を描けば図6.2を得る．設計においては，海洋構造物の設置海域における波高データから応力分布曲線を描き妥当なξを決定することになる．一般にξは0.5（平穏な浅海域）～1.4（環境条件の激しい外洋）程度であると言われている[7]．

ちなみに，日本の沿岸海域における波高周期頻度表[8]をもとに，例えば那覇港（沖合3.0km，設置水深-51.0m）の応力振幅の長期分布を描けば図6.2の破線のようになる．必ずしもワイブル分布の曲線形状と一致しないが，この場合ξを0.65程度とみなすことができよう．

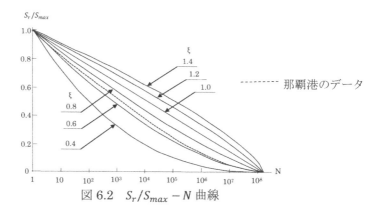

図6.2 $S_r/S_{max} - N$ 曲線

(2) 対数フォーマット表示

継手の疲労による性能喪失の確率p_fは，継手の寿命Tが設計寿命T_Sより小さいと性能喪失となるので，式(6.12)で表現される．

$$p_f = P(T \leq T_s) \tag{6.12}$$

ここで，Miner則の採用により生じる誤差を定量化するために，D=Δ（Δは破壊時の累積損傷率を示す確率変数）とおいて，式(6.9)をTについて表記し直せば，

$$T = \frac{\Delta K}{B^m \Omega} \tag{6.13}$$

を得る．また，S－N曲線のばらつきに見られる疲労強度決定に含まれる不確かさは，実験定数Kによって考慮し，mは定数とする．このとき，式(6.13)中のΔ, K, Bが確率変数であり，従ってTも確率変数となる．

Δ, Kが対数正規分布であることと，対数正規分布を用いれば比較的単純な表現でp_fの正確な記述ができるため，海洋構造物の信頼性疲労設計では各確率変数を対数正規分布とした対数フォーマットを使用している．いま，安全性指標を用いて性能喪失確率を求めれば，式(6.12)は式(6.3)を参照して次のように表現される．

$$p_f = 1 - \emptyset(\beta) = \emptyset(-\beta),\ \beta = \frac{l_n(\overline{T}/T_s)}{\sigma_{lnT}} \tag{6.14, 6.15}$$

ここに，$\emptyset(\cdot)$は標準正規分布の関数，βは安全性指標である．また，

$$\overline{T} = \frac{\overline{\Delta K}}{\overline{B}^m \Omega},\ \sigma_{lnT} = \left[l_n(1+C_\Delta^2)(1+C_K^2)(1+C_B^2)^m\right]^{1/2} \tag{6.16, 6.17}$$

ここに，$\overline{}$は確率変数の平均値を示し，C_i (i = Δ, K, B)は各確率変数の変動係数を示す．確率変数の統計量として文献5)には6セットのデータが示されているが，ここではAPI規準に用いられているm=4.38と，溶接継手に用いられる一般的な値m=3.00を用いる．確率変数の具体的な値を表6.1に示す．

(3) 設計変数が安全性指標に及ぼす影響 [10]

式(6.15)より主要な設計変数をパラメータとしたときの安全性指標βの推移を見てみる．図6.2の曲線C1～C5は，それぞれ$f_0, T_s, m, S_{max}, \xi$をパラメータとしたときの，$\beta$の変化を示す．曲線C1の横軸は$f_0(Hz)$と書かれた一番上の横

軸であり，他の曲線も対応する横軸により読むものとする．パラメータでないときの設計変数の数値は，$f_0 = 0.25 Hz, T_s = 20$ 年, $m = 4.38, S_{max} = 420 MPa$, $\xi = 0.7$(ただし曲線 C3 については 0.4 も図示)としている．この図から，
(1) 波の振動数や設計寿命はさほど安全性指標には影響を与えないこと（曲線

表 6.1 確率変数の値

		API 曲線	一般溶接継手
S-N 曲線	m	4.38	3.00
	K(MPa)	6.74×10^9	1.104×10^9
	C_K	0.73	
レインフロー修正係数 λ		0.79	0.86
損傷率	Δ	1.00	
	C_Δ	0.30	
応力モデル化誤差	B	0.70	
	C_B	0.50	
平均振動数f_0(Hz)		0.25	

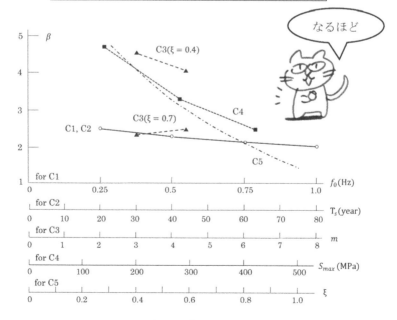

図 6.3 設計変数の変化によるβの推移

C1 と C2)，(2) S-N 曲線の傾き m の影響も大きくはないが，波の長期分布形状 ξ の大きさによって，曲線の勾配が逆転すること（曲線 C3），(3) 最大応力振幅 S_{max} の影響は顕著であり，これが大きくなるほど安全性指標が小さくなること（曲線 C4），(4) 波の長期分布形状 ξ が安全性指標に最も大きな影響を及ぼすこと（曲線 C5），などがわかる．

6.2.4 疲労限界状態に対する設計規範

式(6.10), (6.15)〜(6.17)から最大応力振幅 S_{max} を求める式を誘導し，S_{max} を S_R と書き改めると次式を得る．

$$S_R = [\ln(f_0 T_S)]^{1/\xi} \left[\frac{\overline{\Delta K}}{\lambda f_0 T_S \bar{B}^m \exp(\beta_0 \sigma_{lnT}) \Gamma(a+1)} \right]^{1/m} \quad (6.18)$$

ここに，S_R は設計寿命 T_S に対する最大許容応力振幅であり，β_0 は規準作成者側の判断により決定される安全性指標である．ここで，作用荷重による応力が正負にまたがることを考慮し，新たに応力比 $R(S_{min}/S_{max} < 0)$ を導入すると，継手の疲労強度は次のように低下することになる．

$$S_0 = S_R/(1-R) \quad (6.19)$$

したがって，継手の疲労限界状態に対する信頼性設計規範は次式のように書ける．

$$S_{R,max} \leq S_0 \quad (6.20)$$

$S_{R,max}$ は T_S 年設計波に対する応力比を考慮した応力最大値である．いま，設計に便利なように，異なる m, T_S, β に対して ξ をパラメータに S_R を計算すると図 6.4 を得る．

《設計例》m= 4.38, T_S = 20年，$\beta_0 = 3$, ξ = 0.5 として，最大許容応力振幅 S_R を求めよ．

《解答》題意から，図 6.4(a)を用いて，S_R = 535MPa を得る．

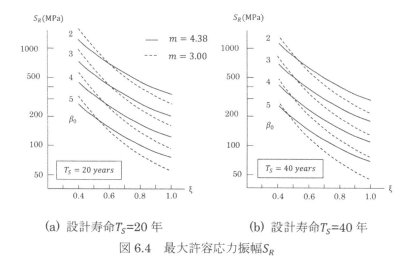

(a) 設計寿命T_S=20年　　(b) 設計寿命T_S=40年

図 6.4　最大許容応力振幅S_R

【補遺1】応力振幅の長期分布をワイブル分布と仮定すると，

$$F_S(s) = P(S < s) = 1 - exp[-(s/\delta)^\xi], \quad E(S^m) = \delta^m \Gamma(a+1)$$

と書ける．ここに，$a = \frac{m}{\xi}$，δはスケールパラメータである．

$$P(S \geq S_{max}) = 1/N_T = 1 - P(S < S_{max}) = \exp[-(S_{max}/\delta)^\xi]$$

これより対数を取れば，$\ln(1/N_T) = -\ln N_T = -(S_{max}/\delta)^\xi$

$$\therefore \delta^\xi = S_{max}^\xi [\ln N_T]^{-1} \quad \therefore \delta = S_{max}[\ln N_T]^{-1/\xi} \tag{a}$$

$$\therefore \Omega = f_0 E(S^m) = f_0 \delta^m \Gamma(a+1) = f_0 S_{max}^m [\ln N_T]^{-a} \Gamma(a+1)$$

上式にレインフロー修正形数$\lambda(m)$を掛け合わせれば式(6.10)を得る

【補遺2】$P(S > S_r) = N/N_T = 1 - P(S < S_r) = \exp[-(S_r/\delta)^\xi]$

$$\therefore \delta = S_r [\ln(N_T/N)]^{-1/\xi} \tag{b}$$

式(a)，(b)より　$\frac{S_r}{S_{max}} = \frac{[\ln(N_T/N)]^{1/\xi}}{[\ln N_T]^{1/\xi}} = [1 - \frac{\ln N}{\ln N_T}]^{1/\xi}$　を得る(式(6.11))．

参考文献

1) 星谷勝・石井清: 構造物の信頼性設計法, 鹿島出版会,1986年, pp.61-62.

2) 尾坂芳夫・高岡宣善・星谷勝：土木構造設計法，技報堂出版，1981 年，pp.40-43, pp.57-61.

3) Det Norske Veritas: Rules for the Design, Construction and Inspection of Offshore Structures, 1977.

4) Wirsching, P.H.: Probability Based Fatigue Design Criteria for Offshore Structures, Final Report, American Petroleum Institute, PRAC Project 81-15, 1983.

5) Wirsching, P.H.: Fatigue Reliability for Offshore Structures, Journal of Structural Engineering, Proc. of ASCE, Vol.110, No.10, Oct. 1984, pp.2340-2356.

6) API: Recommended Practices for Planning, Designing and Constructing Fixed Offshore Platforms, API RP2A, Section 2.5.3a, 15th edition, Oct. 1984.

7) Wirsching, P.H.: Fatigue Damage Assessment Models for Offshore Structures; Earthquake Behavior and Safety of Oil and Gas Storage Facilities, PVP-Vol.77, ASME, 1983, pp.113-123.

8) 高橋知晴・広瀬宗一・夷塚葉子・佐々木徹也：波浪に関する拠点観測年報（昭和 53 年），運輸省港湾技研資料，No.332，1980 年 3 月．

9) 合田良実：港湾構造物の耐波設計，鹿島出版会，1977 年 10 月．

10) 大塚久哲：海洋鋼構造物継手部の信頼性疲労設計，土木学会，第 11 回海洋開発シンポジウム論文集，1986 年 6 月．

7章 部分安全係数による設計法

7.1 部分安全係数を用いた設計規範 [1]

　構造物の設計に必要な安全性・使用性などの照査には許容応力度法が長年使用されてきたが，この手法に内在する欠点を除去するために確率論的アプローチを加味して提案されたのが限界状態設計法（荷重強度係数設計法，部分安全係数法とほぼ同じ意味で使用されている）である．

　この設計法に関する研究は旧ソ連を含むヨーロッパ諸国が先行しており，欧米先進国の設計規準の多くが1970年代に許容応力度設計法から限界状態設計法に切り替えられた．我が国では，土木学会から1981年に「コンクリート構造の限界状態設計法試案」，1983年に「コンクリート構造の限界状態設計法指針（案）」が刊行され，2002年に「コンクリート標準示方書」も限界状態設計法に改定された．

　本章ではまず，構造物の安全性・使用性の定義と照査方法に焦点を絞って限界状態設計法の概要を紹介し，さらに部分安全係数の求め方を簡単に紹介する．

7.2 構造物の限界状態 [2],[3]

　限界状態設計法とは，いろいろな荷重レベルに対する構造物の種々の限界状態に対して，構造物の性能を照査する設計法である．構造物の設計で照査すべき限界状態には，一般に使用限界状態と終局限界状態とがある．

　使用限界状態とは，構造物の挙動がある種の性能に対して不満足な状態をいい，過大なたわみ・振動・ひび割れや，永久変形などがこれに含まれる．終局限界状態とは，耐荷力不足，転倒，滑動などのような構造物の安全性に関わる

状態を言う.

　橋梁のように繰り返し荷重を受ける構造物では，上記の2つの限界状態のほかに疲労強度に対する照査も必要であるとして，土木学会指針（案）では疲労限界状態を設定している．疲労限界状態が終局限界状態と異なるのは，前者が構造物に常時作用する荷重の多数回の繰り返しによって起こるのに対して，後者は構造物に作用する大きな荷重が一回働けば起こりうる点にある．

　ただし，例えばカナダ・オンタリオ州道路橋設計規準（Ontario Highway Bridge Design Code，以下 OHBDC と略す．世界で最初の橋梁の限界状態設計規準．1979 年初版）では疲労破壊を使用限界状態に含めている．これは，構造物が常時作用荷重を受けて満足に機能することを保証するのが使用限界状態の照査基準であるという判断による．OHBDC では使用限界状態を二つに分け，疲労破壊と過大な振動を使用限界状態タイプ 1，ひび割れと過大な永久変形を同タイプ 2 として個々に照査を行うこととしている．

7.3 限界状態の照査規準[3]

　構造物（または構造要素）の強度を，妥当な安全性の余裕分だけ作用荷重より大きくなるように確保しようとするのが限界状態の照査規準であり，一般に図 7.1（図 5.1 と同じ概念図である）のように説明される．この図は構造要素に働く荷重効果（断面力，応力等）S と構造要素の強度あるいは耐力 R についての頻度分布曲線を示している．図中にハッチで示す 2 つの曲線の重なった部分では荷重効果の方が要素耐力より大きくなりうるので限界状態に達する可能性があると考える．設計者は2つの曲線の重なりが小さくなるように，すなわち，性能喪失の発生確率が容認できる大きさになるように，部材の寸法を決めなくてはならない（破壊確率の求め方については5.1に既述）．

　終局限界状態の照査規準の一例をOHBDCから示せば，次のとおりである．

$$\emptyset R \geq \alpha_1 D + \gamma \psi (\alpha_2 L + \alpha_3 Q + \alpha_4 T) \tag{7.1}$$

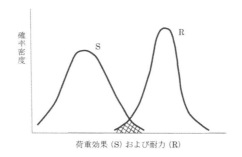

図 7.1　荷重効果と耐力の頻度分布曲線

ここに，$\phi=$ 耐力係数，$R=$ 構造要素の公称耐力，$\gamma=$ 重要度係数，$\psi=$ 荷重組み合わせ係数，$\alpha=$ 荷重係数である．また，D, L, Q, T はそれぞれ死荷重(D)，活荷重(L)，風荷重・地震荷重(Q)，温度変化・材料の収縮やクリープ・不同沈下の影響(T)の規格値，またはそれらによる荷重効果である．

　式(7.1)の左辺における耐力係数ϕは，材料特性・部材寸法・作業熟練度のばらつきなどのために実際の部材強度が予期されたものより小さいかも知れないことを考慮して，公称部材耐力にかける係数である．限界状態設計法の中には，想定する性能喪失確率の形式や部材耐力式の不確かさをこの耐力係数で考慮したものがあるが，OHBDC ではそれらの影響は耐力係数ϕには含ませておらず，理論部材耐力を与える式において考慮している．ϕは鋼部材に対して原則 0.90 としている．部材・継手・構造物の耐力 R は材料特性の規格値，公称寸法および理論的挙動推定式に基づく公称耐力である．耐力係数と公称耐力の積ϕRは構造要素の耐力の設計用値といわれる．

　式(7.1)右辺の重要度係数γは道路の種類・交通の状況に応じて，橋梁の重要性を考慮した係数であり，死荷重以外の荷重効果全体に対して掛けられている．荷重組合せ係数ψは成因の異なる複数の荷重が同時に作用する確率は低いことを考慮した係数である．例えば，式(7.1)において L, Q, T のうちの一つだけを D に加えて考慮する場合にはψを 1.00 とするが，L, Q, T のうち二つを同時

に考慮するときにはψを0.70に減じ，さらにL, Q, Tの全てが同時に構造物に作用すると考えるときにはψを0.60とするとしている．

D, L, Q, Tなどは，規準策定者が規定する荷重の規格値であり，設計規準に明記される．荷重の規格値に掛けられる荷重係数αは，予想より大きい荷重が構造物に作用する可能性，荷重の規格値に含まれる不確かさ，構造物への荷重作用の解析における近似などを考慮したものである．異なる荷重作用には異なる荷重係数αが与えられ，これにより例えば死荷重のばらつきは活荷重のばらつきより小さいことも考慮できることになる．荷重係数と荷重の規格値の積をたしあわせたものは荷重効果の設計用値とよばれる．

以上より，限界状態設計規範では耐力の設計用値（式(7.1)の左辺）が荷重効果の設計用値（式(7.1)の右辺）以上であることを検証することになる．

7.4 構造物の安全性の確率論的考察 [3),4)]

構造物に必要な安全性のレベルを確保するためには，構造物の限界状態を越える事態の発生確率を容認しうる程度に小さく規定する必要がある．例えば，OHBDCでは橋梁の耐用年数を50年として終局限界状態の超過確率を1%程度に設定している．RとSの確率分布を既知とし，超過確率が設定されれば，構造物が適切な安全性のレベルを持つように，限界状態設計法における荷重係数と耐力係数が定められる．この作業をキャリブレーションとよび，規準策定者が責任を持って行うことになる．

安全性のレベルを確率論的に決める方法は，既に述べた安全性指標βを用いるのが一般的である．文献5)によれば，米国の道路橋示方書AASHTO（当時は許容応力度設計法）で設計された鋼橋・PC橋の22橋に対し，安全性指標βを算定したところ，2.14から6.51までのばらつきがあったという．限界状態設計法の最大の利点は，構造物の安全性を均一に保持できることにある．ちなみに，OHBDCでは安全性レベルの目標値を$\beta=3.50$に設定してキャリブレーションを行い，荷重係数と耐力係数を規定している．

7.5 部分安全係数の定量的評価法 [6),7)]

荷重強度係数設計法に基づいて設計された構造または部材が，要求される信頼度（β_a以上，P_{fa}以下）を保有できるように，耐力係数∅と荷重係数γを決定する方法について概略を述べる．ただし，変数は正規確率分布に従うものとする．まず，荷重作用が1個の最も簡単な基準式について説明する．

7.5.1 荷重が1個の場合の部分安全係数の求め方

設計基準式は， $\emptyset R_n \geq \gamma S_n$ (7.2)

である．強度係数と荷重係数の決定法に話を進める前に，RとSの特性値の決め方について述べる．RとSの公称値として平均値を用いることもあるが，ここでは次に示す特性値を用いることにする．

$$R_p = \mu_R - k_R\sigma_R = (1 - k_R V_R)\mu_R \tag{7.3}$$

$$S_q = \mu_S + k_S\sigma_S = (1 + k_S V_S)\mu_S \tag{7.4}$$

ここで，R_pとS_qはそれぞれRとSに関する特性値であり，安全側の値として，例えば確率分布の値がそれぞれ 0.001〜0.01，0.99〜0.999 程度の値をとる特性値とする場合が多い．k_Rとk_Sは，図7.2に示すように平均値μ_Rとμ_Sをそれぞれの特性値と関係づける係数である．V_R, V_SはRとSの変動係数である．

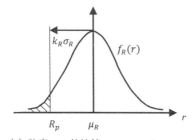
(a) 強度 R の特性値 $R_p = \mu_R - k_R\sigma_R$

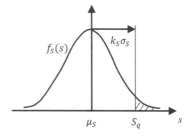
(b) 荷重 S の特性値 $S_q = \mu_S + k_S\sigma_S$

図 7.2 強度と荷重の特性値の概念

さて，耐力係数と荷重係数の具体的な求め方は次のように説明される．いま，設計における許容安全性指標をβ_aとすれば，設計では

$$\beta(=\mu_z/\sigma_z) \geq \beta_a \tag{7.5}$$

なる条件を満足することが要求される.

$\mu_z/\sigma_z = (\mu_R - \mu_S)/\sqrt{\sigma_R^2 + \sigma_S^2}$ であるから,式 (7.5)は

$$\mu_R \geq \mu_S + \beta_a\sqrt{\sigma_R^2 + \sigma_S^2} \tag{7.6}$$

ここで,$\sqrt{\sigma_R^2 + \sigma_S^2} \approx \alpha(\sigma_R + \sigma_S)$($\alpha$:線形化係数)とおき,さらに,$\sigma_R = \mu_R V_R$,$\sigma_S = \mu_S V_S$ を用いると,

$$(1 - \alpha\beta_a V_R)\mu_R \geq (1 + \alpha\beta_a V_S)\mu_S \tag{7.7}$$

ここで,平均値μ_Rとμ_Sの代わりに式(7.3)と(7.4)の特性値R_pとS_qを用いれば,

$$\emptyset R_p \geq \gamma S_q \tag{7.8}$$

ここに,$\emptyset = \dfrac{(1-\alpha\beta_a V_R)}{(1-k_R V_R)}$, $\gamma = \dfrac{(1+\alpha\beta_a V_S)}{(1+k_S V_S)}$ (7.9)

式(7.9)を用いて,許容安全性指標β_aを達成する$\emptyset$とγ が決定できることになる.ちなみに,特性値として平均値を用いるならば,式(7.7)の括弧内の式がそのまま荷重係数と強度係数となる.

【例題 7.1】$V_R = 0.2, V_S = 0.5, \sigma_S/\sigma_R = 2.5, \beta_a = 3.5$として,以下の条件で$\emptyset$と$\gamma$を決定せよ.

(1) R_pの非超過確率とS_qの超過確率がともに 0.01 以内であること.

(2) 強度と荷重の特性値に平均値を用いる場合.

【解答】まず,与えられた標準偏差の比から,線形化計数αを求めておく.

$$\alpha = \frac{\sqrt{\sigma_R^2+\sigma_S^2}}{\sigma_R+\sigma_S} = \frac{\sqrt{1+(\sigma_S/\sigma_R)^2}}{1+\sigma_S/\sigma_R} = \frac{\sqrt{1+2.5^2}}{1+2.5} = 0.769$$

(1) 題意より$k_R = k_S = 2.32$ となるので,式(7.9)を用いて$\emptyset$とγを得る.

わかりました

$$\emptyset = \frac{(1-\alpha\beta_a V_R)}{(1-k_R V_R)} = \frac{1-0.769\times3.5\times0.2}{1-2.32\times0.2} = 0.861$$

$$\gamma = \frac{(1+\alpha\beta_a V_S)}{(1+k_S V_S)} = \frac{1+0.769\times3.5\times0.5}{1+2.32\times0.5} = 1.086$$

(2) このときは，式(7.7)を用いることになるので，

$$\phi = (1 - \alpha\beta_a V_R) = 1 - 0.769 \times 3.5 \times 0.2 = 0.462$$

$$\gamma = (1 + \alpha\beta_a V_S) = 1 + 0.769 \times 3.5 \times 0.5 = 2.346$$

7.5.2 複数の荷重の組み合わせを考慮する場合

通常の構造物の設計においては，複数の荷重を同時に考慮することが普通であるから，次に荷重が2個の場合について係数を求める式を誘導しておく．
設計基準式は，

$$\phi R_n \geq \gamma_1 S_{1n} + \gamma_2 S_{2n} \tag{7.10}$$

ここで，S_1 と S_2 が互いに独立であれば，式(7.6)は次式のように変形できる．

$$\mu_R \geq \mu_{S1} + \mu_{S2} + \beta_a\sqrt{\sigma_R^2 + \sigma_{S1}^2 + \sigma_{S2}^2} \tag{7.11}$$

上式に線形化係数αを2回適用すれば，

$$\mu_R \geq \mu_{S1} + \mu_{S2} + \beta_a\{\alpha_R\sigma_R + \alpha_S(\alpha_1\sigma_{S1} + \alpha_2\sigma_{S2})\} \tag{7.12}$$

ここで変動係数 V_R, V_{S1}, V_{S2} を用い，$\alpha_R = \alpha_S = \alpha, \alpha_1 = \alpha_2 = \acute{\alpha}$ とおけば，

$$(1 - \alpha\beta_a V_R)\mu_R \geq (1 + \alpha\acute{\alpha}\beta_a V_{S1})\mu_{S1} + (1 + \alpha\acute{\alpha}\beta_a V_{S2})\mu_{S2} \tag{7.13}$$

公称値に平均値を用いるのであれば，上式の括弧内の係数がそれぞれ，式(7.10)の部分係数となる．公称値に式(7.3)，(7.4)に示す特性値を用いれば，

$$\phi = \frac{(1-\alpha\beta_a V_R)}{(1-k_R V_R)} \quad , \quad \gamma_1 = \frac{(1+\alpha\acute{\alpha}\beta_a V_{S1})}{(1+k_{S1} V_{S1})} \quad , \quad \gamma_2 = \frac{(1+\alpha\acute{\alpha}\beta_a V_{S2})}{(1+k_{S2} V_{S2})} \tag{7.14}\sim(7.16)$$

このときの設計基準式は，

$$\phi R_p \geq \gamma_1 S_{1q} + \gamma_2 S_{2q} \tag{7.17}$$

S_{1q}, S_{2q} は荷重1，2の特性値である．
荷重が3個以上であっても，これに準ずれば良い．

【補遺】各国基準に見る荷重の組み合わせと部分安全係数 [4]

式(7.1)は，終局限界状態の照査規準の一例として，OHBDCから引用したものであるが，表現形式は国および規準類によって若干異なり，荷重効果側の部分安全係数として以下のような表現がある．

$$\gamma_D D_n + \psi(\gamma_U L_n + \gamma_W W_n + \gamma_T T_n) \quad \text{カナダ構造物設計示方書}$$

$$\gamma_D D_n + \gamma_Q (Q_{ni} + \sum \Psi_{aj} Q_{nj}) \quad \text{ヨーロッパモデル}$$

$$\gamma_D D_n + \gamma_Q Q_n + \sum \gamma_{apt} Q_{apt} \quad \text{ACI318}$$

参考文献

1) 土木学会：コンクリート構造の限界状態設計法指針（案），1983年11月．
2) 尾坂芳夫・高岡宣善・星谷勝：土木構造設計法，技報堂出版，1981年, pp.24-28．
3) 九州橋梁・構造工学研究会：カナダ・オンタリオ州道路橋設計規準,1983年 （共通編・鋼橋編の日本訳），道路橋の限界状態設計法分科会調査報告書(I), 1985年3月, pp.1-4．
4) 星谷勝・石井清：構造物の信頼性設計法，鹿島出版会,1986年, pp.177-185．
5) Dorton, R. A. and Csagoly, P.F.：The Development of the Ontario Bridge Design Code, Paper presented for the 1977 National Lecture Tour of Canadian Society for Civil Engineering, Structural Division, Oct. 1977.
6) 星谷勝・石井清：構造物の信頼性設計法，鹿島出版会,1986年, pp.62-64, pp.164-172．
7) 尾坂芳夫・高岡宣善・星谷勝：土木構造設計法，技報堂出版，1981年, pp.31, 61-75．

課題の解答

【5.1】(1) 中央安全率の定義より $\frac{A\bar{f}_y}{\bar{P}}=1.5$ ∴ $A = 1.5 \times \frac{200}{240\times 10^{-3}} = 1250\text{mm}^2$

(2) 標準正規分布表によれば，超過確率 0.10 を与える変量 u は 1.28，定義より $u = \frac{P_D - \bar{P}}{\sigma_P} = 1.28$ ∴ $P_D = \bar{P} + 1.28\sigma_P = 200 + 1.28 \times 30 = 2384$ kN. また， $\alpha_{DP} = 1.28$.

(3) 同じく非超過確率 0.10 を与える変量 u は -1.28 であるから，定義より
$u = \frac{f_D - \bar{f}_y}{\sigma_{fy}} = -1.28$, ∴ $f_D = \bar{f}_y - 1.28\sigma_{fy} = 240 - 1.28 \times 12 = 224.6$ MPa

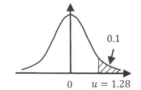 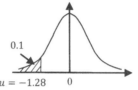

超過確率 0.1 と非超過確率 0.1 の変量 u

また， $\alpha_{DS} = 1.28$

(4) $A = \frac{P_D}{f_D} = \frac{238.4\text{kN}}{224.6\text{MPa}} = 1061\text{mm}^2$

(5) F の平均値と標準偏差は $\bar{F} = \bar{f}_y - \bar{P}/A$, $\sigma_F^2 = \sigma_{fy}^2 + \sigma_P^2/A^2$，性能喪失確率 P_f は $P_f = \emptyset\left(-\frac{\mu_z}{\sigma_z}\right) = 1 - \emptyset\left(\frac{\mu_z}{\sigma_z}\right)$

ここで (1) の結果を用いると $\bar{F} = 240\text{MPa} - \frac{200\text{kN}}{1.25\times 10^3\text{mm}^2} = 80\text{MPa}$

$\sigma_F = \sqrt{\sigma_{fy}^2 + \sigma_P^2/A^2} = \sqrt{12^2 + \left(\frac{30kN}{1.25\times 10^3\text{mm}^2}\right)^2} = 26.8\text{MPa}$ ∴ $u = \bar{F}/\sigma_F = $

80/26.8=2.99. この変量に対応する確率分布関数の値は表より，0.99855

∴ $P_f = 1 - 0.99855 = 1.45 \times 10^{-3}$

次に (4) の結果を用いると $\bar{F} = 240\text{MPa} - \frac{200\text{kN}}{10.61 \times 10^{-4}\text{m}^2} = 51.5\text{MPa}$

$\sigma_F = \sqrt{\sigma_{fy}^2 + \sigma_P^2/A^2} = \sqrt{12^2 + \left(\frac{30kN}{10.61\times 10^{-4}\text{m}^2}\right)^2} = 30.7\text{MPa}$ ∴ $u = \bar{F}/\sigma_F = $

51.5/30.7=1.678. この変量に対応する確率分布関数の値は表より，0.95332

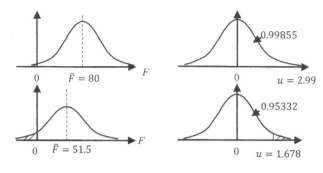

$$\therefore P_f = 1 - 0.95332 = 4.67 \times 10^{-2}$$

【5.2】P用乱数とw用乱数発生させて表Aを得る．乱数の値と一致する正規分布の値に対応する確率変数を正規分布表（表2.1）から算出して，確率変数の値を表Bのように得る．

表A　発生させた乱数表

サンプル番号	1	2	3	4	5
P用乱数	52478	80249	94132	56605	58815
w用乱数	69379	75228	14327	90625	06070

表B　乱数より求められた確率変数 u_i

サンプル番号	1	2	3	4	5
P用確率変数値	0.06215	0.85068	1.56598	0.16628	0.22269
w用確率変数値	0.49830	0.68181	-1.06578	1.31804	-1.54893

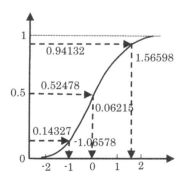

次に固定端モーメント $M_i = -6P_i - 18w_i$ を計算し，平均値と標準偏差を求める．

サンプル番号	$P_i(kN)$	$w_i(kN)$	$M_i(kNm)$	$M_i - \bar{M}$	$(M_i - \bar{M})^2$
1	4.025	0.5249	-33.60	0.76	0.578
2	4.340.	0.5341	-35.66	-1.30	1.690
3	4.626	0.4467	-35.80	-1.44	2.074
4	4.067	0.5659	-34.59	-0.23	0.053
5	4.089	0.4225	-32.14	2.22	4.928
平均値$\bar{M}$			-34.36	$5\sigma^2$	9.323

ただし，$P_i = \bar{P} + \sigma_P u_i = 4 + 0.40u_i$, $w_i = 0.50 + 0.05u_i$,

以上より，平均値$\bar{M}$=-34.36kNm, 標準偏差$\sigma = 1.36kNm$ を得る．

索引

安全性指標　1, 35, 49, 50
応答スペクトル　24

海洋鋼構造物　36
確率　9
　条件付き−　10
　−変数　10
　　正規−　27, 35
　　　対数−　28, 35
　−分布　10
　　−関数　10, 30
　　　結合−　14
　　正規（ガウス）−　12
　　　対数−　13
　　−の推定　14
　−密度関数　10, 12
　　一様−　11
　　正規−　12
　　　標準−　12
　　結合−　1, 14, 25
　−論　10, 49
加成性　11, 27
荷重
　−強度係数設計法　46, 50
　−係数　48, 50
　−効果の設計用値　49
　−の規格値　49
　−の組み合わせ　20
　　−係数　48
関東大震災　21
ガンマ関数　39
期待値　11

キャリブレーション　49
限界状態
　−設計法　1, 46
　終局−　15, 46
　使用−　15, 46
　疲労−　15, 47
健全度　17
　−レベル　17
広帯域時刻歴波形　22
故障の木解析　15
故障モード影響解析　15
コンクリート標準示方書　46

事象　9
　空−　9
　積−　9
　全−　9
　排反−　9
　余−　9
　和−　9
自乗平均値　11
集合　9
　−論　9
　和−　15
　積−　15
重要度　3, 6
　−係数　48
照査基準　47
震源パラメータ　21
信頼性設計法　1
性能
　−関数　25, 27

57

－水準　17
－設計　2, 3, 7, 15
　　－基準　4
－喪失　15
　　－確率　17, 25, 35, 47
　　－モード　15
設計水準　1
線形化係数　51
線形累積損傷則　37
相関
　－係数　11
　－なし　16
　完全－　16
想定断層モデル　21
損傷率
　限界－　37
　累積－　37

耐力
　－係数　48, 50
　－の設計用値　49
　公称－　48
地震荷重　3, 5
中心極限定理　14
同時発生頻度　20
道路橋示方書　5
特性値　50
独立事象　10, 16
ド・モルガンの定理　9

ハイブリッド法　22
破壊確率　1
ビジョン2000　5
評価項目　3, 4, 6

評価手法　3, 4, 6
標準偏差　11
標本空間　9
疲労
　－(S-N)曲線　37
　－設計　36
　－限界状態　43
不確定要因　9
部分安全係数　1, 46, 50
分散　11
　共－　11
変動係数　11
ポアソン分布(過程)　19, 20

マイナー（Miner）則　37, 41
モンテカルロシミュレーション　30

乱数　30
レインフロー修正係数　39

ワイブル分布　39

AASHTO　49
API　38
ATC32　5
ISO　2
　－2394　2
　－3010　5
OHBDC　47, 49
WTO　2

速習　信頼性理論と性能設計

発行日　2016年4月1日　初版 第1刷
著者　大塚　久哲
発行者　東　保司

発行所　櫂 歌 書 房

〒811-1365　福岡市南区皿山4丁目14-2
TEL 092-511-8111／FAX 092-511-6641
E-mail : e@touka.com　http://www.touka.com

発売所　株式会社　星雲社
〒112-0012　東京都文京区大塚 3-21-10